U0257026

冷湖天文系列

星空笔记

NIGHT SKY OBSERVATION LOG BOOK

主 编 蒲佳意

副主编 高峻岭

编 委（以姓氏拼音排序）

陈 昊	董晓杰	郭隆刚	郝卫红	姜 峰
刘朝福	刘建华	刘 清	石昌龙	田才让
王 猛	王 颖	武树滨	徐增辉	阎 莉
杨 帅	于永乐	袁振民	翟 冰	翟 健
张成燕	张红星	张 倩	曾庆江	朱晓丹
朱云浩				

中国科学技术大学出版社

内 容 简 介

本书既是一本面向青少年的天文科普图书,也是一本引人入胜的星空观测实践手册。它的特点在于通过观测、记录和数学计算,激发青少年对星空的浓厚兴趣,开启一段富有创意和趣味性的星空之旅。本书将带领读者寻找北极星,踏上四季黄道星座、太阳系行星以及人造天体的探索之旅,并揭示行星运动的规律。读者可以利用三角函数表计算金星东大距的最大高度角,根据火星冲日周期计算火星公转周期,等等。这些计算将帮助读者深入理解宇宙的运行机制,并加深对天文学中数学本质的认识。

图书在版编目(CIP)数据

星空笔记/蒲佳意主编.--合肥:中国科学技术大学出版社,2024.7

ISBN 978-7-312-05919-3

Ⅰ.星…　Ⅱ.蒲…　Ⅲ.天文学—青少年读物　Ⅳ.P1-49

中国国家版本馆 CIP 数据核字(2024)第 058475 号

星空笔记

XINGKONG BIJI

出版	中国科学技术大学出版社
	安徽省合肥市金寨路 96 号,230026
	http://press.ustc.edu.cn
	https://zgkxjsdxcbs.tmall.com
印刷	安徽联众印刷有限公司
发行	中国科学技术大学出版社
开本	787 mm×1092 mm　1/16
印张	5.25
插页	4
字数	88 千
版次	2024 年 7 月第 1 版
印次	2024 年 7 月第 1 次印刷
定价	42.00 元

前　言

　　这是一本面向青少年的天文科普书，也是一本引人入胜的星空观测实践手册。它的特点在于通过观测、记录和数学计算，带领读者开启一段富有创意和趣味性的星空之旅。

　　本书包含六大精彩部分，每一部分都将带给你全新的体验。第一部分是宇宙中的地球。在这一部分，你将结识北斗七星，并学会如何利用它们找到北极星。在掌握了这个实用的导航技巧之后，我们将开启探索天文学的奇妙旅程。

　　第二部分是四季黄道星座观测。在这一部分，你将沉浸在令人叹为观止的星空中，探索那些家喻户晓的黄道星座。你将了解它们的位置，并领略它们所拥有的标志性亮星和神秘星云的魅力。此外，你可以将星星连接起来，描绘出各个黄道星座的形状，更加深入地了解宇宙的构造。

　　第三部分是太阳系行星观测。在这一部分，你将了解每颗行星的特征，学会如何观测它们，以及记录它们的位置和运动。无论是火星的红色之谜，还是土星的壮丽光环，你都能近距离探秘太阳系行星。

　　第四部分是人造天体观测。在这一部分，你将学会如何观测国际空间站、中国天宫空间站以及其他人造卫星。与此同时，你将深入了解这些科技壮举背后的故事，学习各类卫星的工作原理，这些能满足你对太空探索的好奇心。

在第五部分，我们将揭示行星运动的规律——这是一段令人兴奋的旅程。你将通过三角函数表计算金星东大距的最大高度角，根据火星冲日周期计算火星公转周期等。这些计算将帮助你深入理解宇宙的运行机制，并加深对天文学中数学本质的认识。

最后一部分，我们将走进冷湖小镇，一探冷湖的过去与未来，更重要的是我们将走进冷湖天文观测基地，欣赏这里美丽的星空。

通过这本书，我们希望能让你置身于天文学的奇妙世界中。让我们一起以专业的态度，用丰富有趣的方式探索宇宙的奥秘吧！

编　者

目　录

1 宇宙中的地球

在夜空中如何辨识方向？

请你想象，你正身处茫茫戈壁，四周景色几乎一模一样，头顶星空璀璨。在这种情况下，你将如何辨识方向呢？

我们可以借助星空去找"北"，找到"北"也就找到了方向。这里的"北"，其实就是北极星。想要找到北极星，还需要借助夜空中非常显眼的一个星群——北斗七星。

北斗七星是北半球夜空中很容易被认出的星群之一，它们始终在北方天空中显现，由大熊座 7 颗明亮的恒星组成，排列成一个像勺子或酒斗的形状，所以叫作北斗七星。北斗七星在不同季节的不同夜晚，出现于天空不同的方位。因此中国古人就根据初昏时斗柄所指的方向来确定季节：斗柄东指，天下皆春；斗柄南指，天下皆夏；斗柄西指，天下皆秋；斗柄北指，天下皆冬（《鹖冠子·环流》）。

北斗七星由天枢、天璇、天玑、

▼ 图 1-1 北斗七星

天权、玉衡、开阳、摇光 7 颗星组成。

天枢是北斗七星中位于勺子口的第一颗星，虽然它只是大熊座这个星座的第二亮星，但因为是星群北斗七星之首，所以在拜耳命名法中被命名为 α 星。它距离地球大约 124 光年。天璇是北斗七星中位于勺子口的第二颗星，距离地球约 79 光年。天玑距离地球约 84 光年。天权距离地球约 81 光年。玉衡距离地球约 81 光年，是北斗七星中最亮的星。开阳距离地球约 82 光年，摇光距离地球约 101 光年。

开阳双星

北斗七星中有一对肉眼可见的双星，它们是谁呢？那就是开阳双星。它们闪闪发光，像是天空中的一对好朋友。如果你仔细观察，你会发现开阳附近有一颗很小的伴星！它的名字叫作"辅"。开阳和辅是仅有的两颗都有名字的双星，它们都属于大熊座移动星群。

开阳和辅从地球上看离得很近，

但它们俩其实并没有任何物理联系，甚至相距甚远，这样的双星系统叫作光学双星或者视双星。

还有另一种真正意义上的双星：物理双星。这种双星通常在空间中运动，并且会影响彼此的运动轨迹，存在着明显的引力相互作用。物理双星包括两个星体，它们的质量和距离都可以通过天文观测手段来测量，比如通过星体的光谱、视差、相对速度等参数来计算。物理双星可以是联星系统，其中两个星体围绕一个共同中心旋转；也可以是多星系统，其中三个或更多个星体以复杂的方式交织在一起。

1650 年，意大利天文学家利奇奥里用天文望远镜观测开阳星时，发现了一个惊人的秘密：开阳的身边竟然还有一颗小星！它们也是一对双星：开阳 A 和开阳 B。它们的角距离是 14〔角〕秒，在空间中相距 380 天文单位，要花上千年的时间才能互相绕转一周。这是历史上第一次用望远镜观测到真正的双星。20 世纪初，天

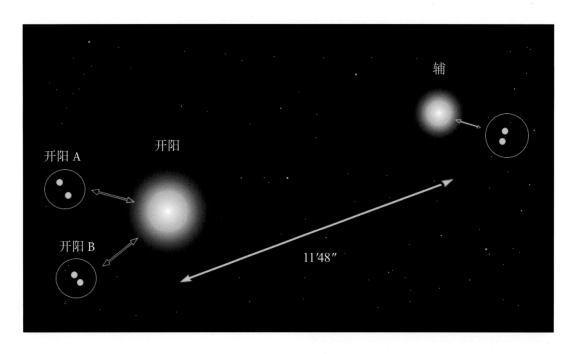

▲ 图 1-2　开阳和辅

文学家通过观测开阳 A 和开阳 B 的光谱，发现这两颗星又各为双星！其中开阳 A 的两颗子星相距 0.4 天文单位，和太阳到水星的距离差不多，只要 20 天就能绕转一圈。而开阳 B 的两颗子星绕转一圈需要 6 个月。每对双星都离得太近了，用普通的望远镜根本无法分辨出来。而且辅也是一对双星，它的伴星是一颗暗淡的红矮星。

下一次你再找到开阳双星时，记得其实正在上演的是一个六重奏！

如何利用北斗七星找到北极星

我们找到了北斗七星后，如何找到北极星呢？

你只需要把天枢和天璇用一条直线连起来。天枢和天璇是北斗七星中最靠近勺子口的两颗星，它们也有一个特殊的名字，叫作指极星。因为它们指向北极星！沿着这条直线延伸大约 5 倍的距离，你就能看到一颗不太明亮的星星，那就是北极星！它虽然不如其他星星那么耀眼，但是它却有着非凡的地位和意义。

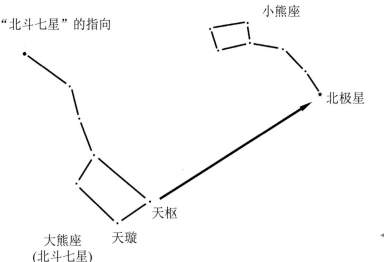

"北斗七星"的指向

小熊座

北极星

天枢

天璇

大熊座
(北斗七星)

◀ 图1-3 利用北斗七星找到北极星

北极星也叫作紫微星，在古代天文学中，人们把天空分成了3个区域：太微垣、紫微垣和天市垣。紫微垣是其中最重要的一个区域，而紫微星就是紫微垣的中心。古人认为紫微垣代表了帝王的权力和地位，而紫微星就是帝王之星。孔子在《论语》里说："为政以德，譬如北辰，居其所而众星共之。"

北极星属于小熊座，它和小熊座中的其他6颗亮星也构成了一个小小的斗形。我们把它们叫作小北斗。北极星距离地球有434光年之遥，它的直径是5200万千米，相当于太阳直径的37倍！它的质量是太阳质量的4.5倍左右，它的亮度是太阳亮度的2500倍！它是一颗黄色的超巨星。

北极星为什么能指示方向？

北极星几乎不会随着地球的自转而移动，而是始终指向地球的北极，这就使得北极星成了一个方向的标志。无论你在北半球的哪个地方，只要你能找到北极星，你就能知道哪里是北方。

那么，为什么北极星能指示方向呢？这和地球的自转轴有关。地球是一个近似的球体，它一面围绕着太阳公转，一面也绕自己的轴线自转。这个轴线就是地球的自转轴，它穿过地球的两个极点，即南极和北极。地球的自转轴并不垂直于绕太阳公转的轨道平面，而是有一定的倾角，大约是23.5°。这意味着地球的自转轴并不指向太阳，而是指向一个固定的方向。

如果我们把地球的自转轴延伸到夜空中，我们就会发现它指向了一颗特定的恒星，那就是北极星。这是因为北极星距离地球非常远，大约有434光年，所以它看起来几乎不动。当地球绕自转轴旋转时，其他的恒星会在天空中画出圆形的轨迹，但北极星却始终保持在同一个位置。无论地球怎么自转，北极星都始终指向地球的北极。

当然，这并不是说北极星永远不会变化。实际上，地球的自转轴并不完全稳定，而是会缓慢地摆动，就像一个陀螺一样。这种摆动叫作岁差运动，它使得地球的自转轴在夜空中画出一个圆锥形的路径，而走完一周这个路径大约需要26000年。这意味着在很长的时间尺度上，指向地球北极的恒星不会发生变化。事实上，约在4800年前的古代，北极星并不是现在这一颗，而是一颗叫作天龙座α星（中文名叫"右枢"）的恒星。在大约12000年后，织女星将成为新的北极星。

太阳的跑道

地球围绕太阳公转，在地球上的我们看来，太阳就会相对于遥远的恒星发生移动。地球一年绕着太阳转一圈，太阳也在恒星背景的舞台上画出一个圈。这个圈，就是黄道。

黄道面是一个重要的概念，它是地球绕太阳公转的轨道平面，也是太

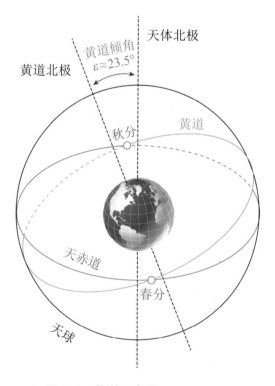

▲ 图1-4 黄道示意图

阳在天空中运行的轨迹。黄道面就像一个宽阔而绚丽的舞台，上面展现了太阳和行星的运动。它是天文学中研究和观测行星运动的基础。我们在地球上观察到的太阳系中的其他行星，比如土星、木星、火星等，都沿着黄道运行。

黄道不仅是天空中的一条线，它还划分了十二个区域，这就是我们熟悉的十二星座。每个星座都有自己的特点和故事，它们也代表了不同的季节和时间。当太阳在某个星座内运行时，我们就说这个月是这个星座的月份。例如，每年1月20日到2月18日，太阳在水瓶座内运行，所以这个时期是水瓶座的月份。

赤道

赤道面是地球自身的一个参考平面，它通过地球的中心，并将地球分为南半球和北半球。赤道面与地球的自转轴垂直。当地球自转时，所有物体似乎都围绕着赤道线旋转。这个地球的"时尚腰带"是天文学中测量天体位置的重要依据。

赤纬

如同地球上的地点可以通过经度和纬度来确定位置一样，天空中的每个天体也通过两个数字来确定其位置，称为赤经和赤纬。赤纬相当于纬度，赤经相当于经度。你可以这么理解，夜空中的天体都镶嵌在一个巨大的天球上，而赤经和赤纬就是表示天体在天球上位置的坐标。

我们把地球的赤道平面无限扩展，与天球相割，就会得到一个大圆圈，这个大圆圈就是天球赤道，简称天赤道，并把天赤道作为天球上的"纬度"的基圈。天赤道往北到北天极设置为0°到+90°，天赤道往南到南天极设置为0°到-90°。

赤经

有了"纬度"，还需要有"经度"。我们把赤道坐标系中的"经度"叫作"赤经"。赤经与赤纬的关系和地理坐标系中的经度和纬度也是很相

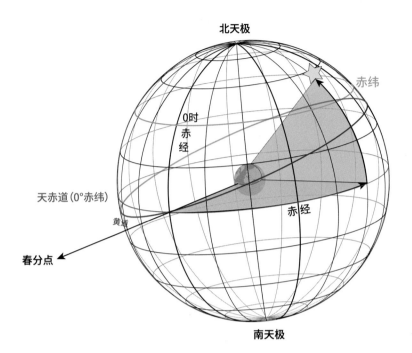

北天极

赤纬

0时赤经

赤经

天赤道(0°赤纬)

黄道

春分点

南天极

◀ 图 1-5　赤经和赤纬

似的，所有赤经线都交于两个点，这两个点也是地球自转轴与天球的交点——北天极和南天极。我们已经规定了天赤道为 0° 赤纬，那么赤经在哪儿呢？

我们都知道地球绕着太阳公转，公转的目视效果是太阳在天球上不断运行，一年在天球上转了一圈。这种运动就像是一个巨大的时钟，在夜空中显示出时间和季节。一年之中，太阳有两次会刚好运行到天赤道上，这两个时间点，就是春分和秋分。春分这一刻太阳中心在天球赤道上的位置，就是春分点。现代天文学把春分

点设置为赤经 0 时。不同于经度，赤经只沿单一方向计数，那就是向东。赤经的单位用"时"来表示，相当于小时的概念，因为天球绕着地球旋转一周刚好 24 小时，就把赤经设置为 24 时，由春分点开始往东分别为 1 时、2 时、3 时……

四季变化

黄道面和赤道面之间有一个固定的倾斜角度，叫作黄赤交角，大约为 23.5°。这个倾角决定了太阳直射点在地球上的变化范围。夏季时，当太

阳直射北回归线附近，阳光可以垂直地照射北半球的表面，使北半球天气变暖。同时，由于地球自转轴倾斜，夏季期间太阳的高度角更高，因此白天更长、夜晚更短。相反，冬季时，当太阳直射点位于南回归线附近，阳光到达北半球的路径更斜，使北半球的太阳辐射更弱，天气变冷。由于此时太阳的高度角较低，因此白天变短、夜晚变长。春季和秋季则是太阳直射点位于赤道附近的过渡季节，这时温度相对适宜，白天和夜晚的长度

大致相等。

因此，黄赤交角的存在使得地球上的不同地区在不同的季节中经历不同的气候和光照条件，从而形成了四季的循环变化。这个倾角也造成了春分、夏至、秋分和冬至这四个特殊时刻的出现。春分指太阳直射赤道，全球各地昼夜平分，一般发生在 3 月 21 日前后。夏至指太阳直射北回归线（北纬 23.5°），北半球白昼最长，一般发生在 6 月 21 日前后。秋分指太阳

▼ 图 1-6 四季变化示意图

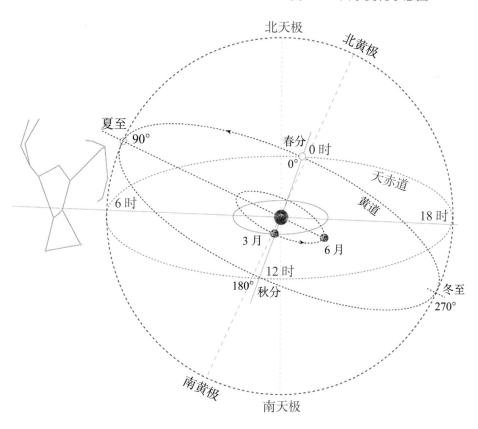

再次直射赤道，全球各地昼夜平分，一般发生在 9 月 23 日前后。冬至指太阳直射南回归线（南纬 23.5°），北半球迎来最长黑夜，一般发生在 12 月 22 日前后。

从地心说到日心说

从小学开始，我们就学习了地球是绕着太阳转的，这是科学家经过多年的观测和实验所证明的事实。但是在古代，人们并没有这样的认识，他们认为地球是宇宙的中心，而太阳、月亮和星星都是围绕着地球转的。这种观点被称为地心说。它最早由古希腊哲学家亚里士多德系统阐述，并由天文学家托勒密发展和推广，从欧洲的中世纪起流传了千年。

地心说的支持者认为，地球是上帝创造的最完美的物体，它应该处于宇宙的中心位置，而其他天体都是为了照亮地球而存在的。他们还根据人类的直观感受以及一些天文现象，如日食、月食、恒星的位置变化等来证明地心说的正确性。

你可能会觉得，地心说听起来很合理，毕竟我们每天都能看到太阳从东边升起，到西边落下，而地球好像一直静止不动。那么为什么后来人们还要提出日心说呢？其实，地心说也有很多缺陷和矛盾，例如它无法解释为什么行星有时会倒退运动，为什么行星的亮度会发生变化，以及为什么金星和水星只能在日出或日落时看到。

到了 16 世纪，波兰的天文学家哥白尼提出了日心说，并用数学模型来计算和预测天体运动。日心说认为太阳才是宇宙的中心，而地球和其他行星都是绕着太阳转的。这种观点不仅能够简化行星的运动规律，而且能够更准确地解释天文现象。日心说也符合当时新兴的科学精神，即用理性和实证来探索自然界的真理。

日心说既然这么好，那么当时人们是不是很快就接受它了呢？其实不然，哥白尼因提出日心说遭到了教会和持传统观念的人们的反对和迫害，但最终日心说还是被后来的科学家如伽利略、开普勒、牛顿等所证实和完善。他们用望远镜观测了行星表面的特征、椭圆形的行星轨道，提出了万有引力定律等，从而让日心说更加坚不可摧。

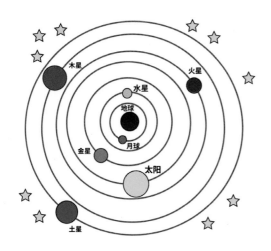

地球在中心

太阳在中心

▲ 图 1-7　地心说和日心说

银河系的形状

银河系是一个螺旋星系，它有着一个明亮的中心核，以及从核部向外延伸的几条螺旋臂。这些螺旋臂是由密集的恒星和气体云构成的，它们在银河系的引力作用下缓慢地旋转着。银河系的直径大约是 10 万光年，也就是说，光从银河系的一端到另一端要走 10 万年的时间。你能想象出这有多大吗？如果我们把银河系缩小到一个足球场的大小，那么我们的太阳就只有一粒沙子那么大。

那么，我们的地球在银河系中处于什么位置呢？其实，我们并不在银河系的中心，而是在一个叫作猎户支臂的螺旋臂上，距离银河系中心大约 2.6 万光年。太阳只是银河系中的一颗普通恒星，它和其他几百亿颗恒星一起围绕着银河系中心旋转。我们的太阳每 2.5 亿年才能绕银河系转一圈，这就是一个银河年。目前，我们正处于第 21 个银河年。

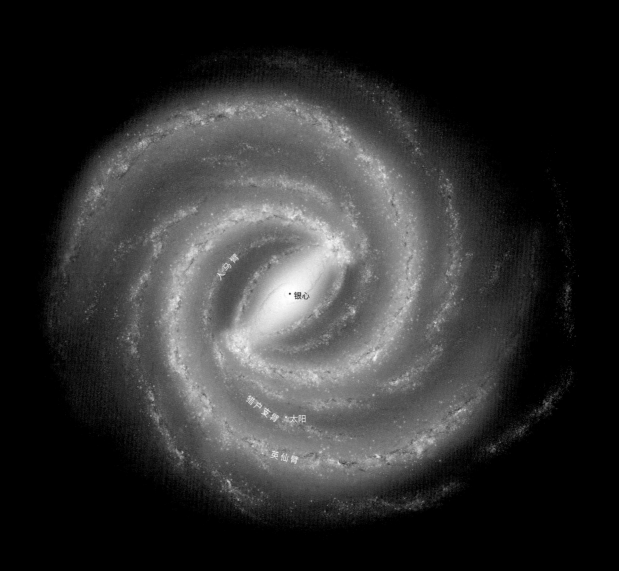

人马臂

·银心

猎户支臂 ·太阳

英仙臂

▲ 图 1-8　银河系
图片来源：NASA

如果你在晴朗无月的夜晚抬头仰望天空，你可能会看到一条白色或灰色的亮带横跨天空，这就是银河。这条亮带其实是由无数颗恒星组成的，它们因为距离我们太远而看起来像一片云雾。这条亮带就是我们所在的猎户支臂在天空中投影出来的样子。如果你用望远镜观察这条亮带，你会发现它里面有很多深深浅浅的暗区和亮区，这些就是星云和星团，它们是恒星形成和演化的摇篮和见证。

在北半球中纬度地区看银河，每个季节都是不同的。春天的夜晚几乎看不到银河，因为银河横卧在地平线上；夏天的银河最灿烂，因为正好望向银河系中心的方向；秋天和冬天的银河则相对暗淡一些。

宇宙的尺寸

宇宙的尺度大到难以想象。比如，地球的直径大约是 12742 千米，而太阳的直径是地球的 109 倍多，约为 1391400 千米。太阳和地球之间的距离是 1.5 亿千米，也就是说，太阳的直径可以排列 109 个地球，而太阳和地球之间可以排列 11800 个地球。这只是我们所在的太阳系的一部分。

但是，太阳系又只是银河系中的一个小点。银河系是由数千亿颗恒星和其他天体组成的一个巨大的星系。银河系的直径约为 10 万光年。我们知道，光年是光在一年内走过的距离，约为 9.46 万亿千米。这样走 10 万年，你能想象出这有多远吗？

但是，银河系也只是宇宙中的一个小点。宇宙中还有数千亿个星系，它们形成了不同的结构，比如星系团、超星系团和大尺度结构。这些结构之间有着巨大的空间，称为虚空。目前，我们观测到的宇宙的直径约为 930 亿光年，也就是说，光从宇宙的一端走到另一端需要 930 亿年的时间。这已经超出了我们的想象了。

那么，宇宙是由什么构成的呢？我们看到的恒星、行星、星云等都属于普通物质，也就是由原子组成的物质。但是，普通物质只占了宇宙总物质和能量的 5% 左右。剩下的 95% 是什么呢？是暗物质和暗能量。

暗物质是一种不发光、不反射光、不吸收光，但有质量、有引力作用的物质。暗物质占了宇宙总物质和能量的 27% 左右。暗物质对星系和星系团等结构的形成和稳定起着重要的作用。但是，暗物质到底是什么，我们还不清楚。

暗能量是一种推动宇宙加速膨胀的神秘力量。暗能量占了宇宙总物质和能量的 70% 左右。暗能量对宇宙的未来有着决定性的影响。但是，暗能量到底是什么，我们也还不清楚。

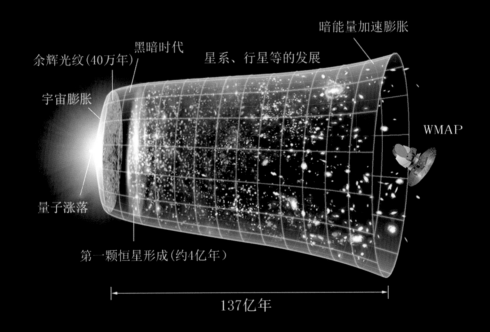

▲ 图 1-9　宇宙大爆炸示意图

图片来源：NASA

美国宇宙学家大卫·威尔金森的微波各向异性探测器 (WMAP) 历经九年时间扫描和识别太空中宇宙微波背景辐射温度的微小差异，绘制出宇宙在 137 亿年历史中的变化示意图，它测量出至今最精确的宇宙年龄为137.5 亿年，确定宇宙的组成是 4.6% 的一般的重子物质，23% 的暗物质，以及 72% 的暗能量。宇宙大爆炸后量子涨落出现，宇宙膨胀后剩下的余温以光的形式持续了 40 万年，在这之后宇宙主要成分为气态物质，并逐步在自引力作用下凝聚成密度较大的气体云块，在宇宙年龄约 4 亿年的时候形成第一

2 黄道星座观测

黄道是从地球上来看太阳一年"走"过的路线。因此，当我们看向天空时，太阳会在黄道上移动。太阳在一年中经过的十二个星座就是我们熟知的黄道十二星座。它们分别是白羊座、金牛座、双子座、巨蟹座、狮子座、室女座、天秤座、天蝎座、射手座、摩羯座、水瓶座和双鱼座。

春季星空

天文学上春季星空对应的时间是从3月到5月，此时黄道上的星座主要是狮子座（Leo）、巨蟹座（Cancer）和室女座（Virgo）。

狮子座中最明亮的星叫作轩辕十四（Regulus），它散发着白色光芒，

属于一等星，距离地球约79.3光年，直径约为太阳的7倍，质量约为太阳的4倍。

狮子座的西边是巨蟹座。巨蟹座是一个比较小的星座，里面没有特别亮的星星，看起来不太起眼，但其实它包含着许多明亮的恒星和星云。例如M44星团（也叫作蜂巢星团、马槽星团、鬼星团），由大约1000颗恒星组成，距离地球约600光年；以及NGC 2535和NGC 2536星系对，它们是相互作用的星系对。NGC 2535是一个大型螺旋星系，显示出显著的旋臂结构和恒星形成区域。由于与NGC 2536的引力相互作用，NGC 2535的旋臂被拉伸和扭曲，形成了长长的潮汐尾。NGC 2536是一个较小的不规则星系。

狮子座东边是室女座（也叫作

◀ 图2-1 M44
图片来源：NASA

这张图片展示了位于巨蟹座的M44(蜂巢星团)，它是一个开放星团，距离地球大约600光年。这个星团包含大约1000颗恒星，其中许多是红矮星和类似太阳的恒星。图片中可以看到星团中的亮蓝色主序星和散布其间的几颗红巨星。

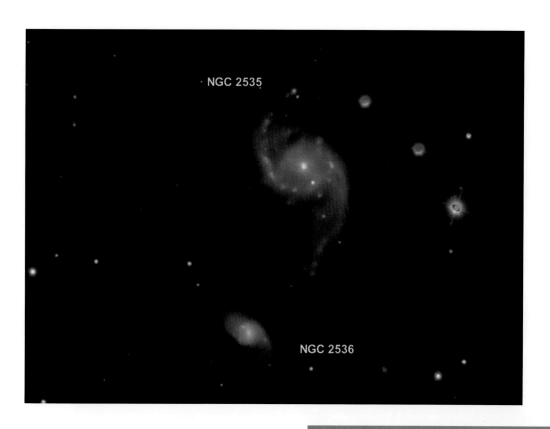

▲ 图 2-2　NGC 2535 和 NGC 2536 星系对
　　图片来源：Wikimedia Commons

NGC 2535 位于巨蟹座，是与 NGC 2536 进行交互作用中的一个无棒螺旋星系。

处女座）。室女座最亮的星是角宿一（Spica），属于一等星，因此非常容易观测。角宿一是一颗距离地球约 260 光年的蓝巨星，直径约为 20 倍太阳直径，表面温度超过 2 万摄氏度。

　　夏季星空对应的时间是从 6 月到 8 月，此时黄道上的星座主要是摩羯座（Capricornus）、射手座（Sagittarius）、天蝎座（Scorpio）和天秤座（Libra）。

　　天蝎座是一个显眼的夏季星座，宛如一只巨大的蝎子，非常形象，而且亮星众多，是夏季绝佳的观测目标。天蝎座中最亮的星是心宿二（Antares）。它是一颗红超巨星，其直

径约为太阳的 700 倍，离地球约 550
光年。

　　天蝎座西边是天秤座。天秤座
看起来由一个三角形和一个四边形组
成，其中有 4 颗亮星和 2 颗暗星。

　　天蝎座的东边是射手座。在天空
中，射手座是看起来像一个茶壶，位于
天蝎座和摩羯座之间。射手座也是一
个很大的星座，其中包括著名的礁湖

▲ 图 2-3　NGC 6907
　图片来源：Mark Hanson
　Astronomy Photos
该图展示了 NGC 6907 的显著螺旋臂、
椭圆形凸起以及中央棒。

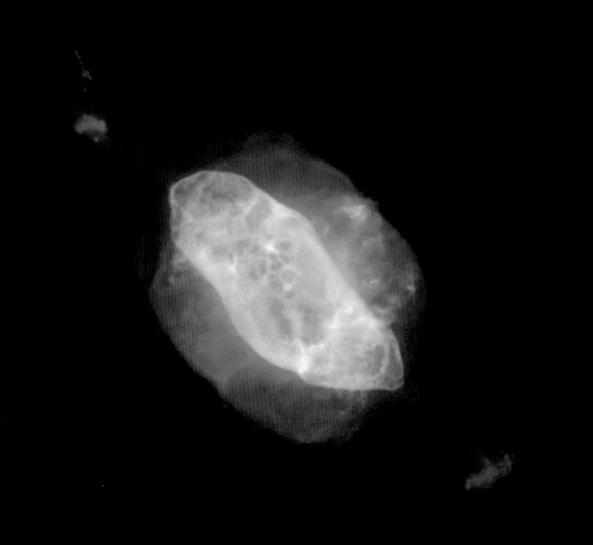

星云(M8)和三叶星云(M20)。

　　射手座的东边是摩羯座,也叫
山羊座。摩羯座的星星比较暗淡,
不易识别,但我们可以借助望远镜
观测到摩羯座中的一些深空天体,
例如 NGC 6907 星系和 NGC 7009
(也称土星星云)。

▲ 图 2-4　NGC 7009
　　图片来源：NASA/ESA
这张图片由哈勃太空望远镜拍摄,展示了土星
星云的详细结构。图片显示了星云的明亮中心
恒星、周围的黑暗空腔以及由蓝色和红色气体
组成的橄榄形边缘。该图片在可见光下拍摄,
使用了哈勃的宽视场和行星相机 2 (WFPC2)。

秋季星空

秋季星空对应的时间是从 9 月到 11 月，此时黄道上的星座主要是水瓶座（Aquarius）、双鱼座（Pisces）和白羊座（Aries）。

水瓶座也叫宝瓶座，是一个较大的星座，包含多个亮星和星团，其中最亮的星为虚宿一（β Aquarii）。它是一颗超巨星，亮度约为三等，比太阳亮得多，距离地球约 540 光年。水瓶座中有一个著名的星团是 M2，它是一个古老且致密的球状星团，距离地球约 37000 光年，拥有超过 150000 颗恒星，直径约为 175 光年。

水瓶座的东边是双鱼座。双鱼座中的星的亮度都不高，最亮的星大约是五等。双鱼座中有一个著名的螺旋星系——M74。它距离地球约 3200 万光年，包含大约 1000 亿颗恒星。M74 以其对称的螺旋臂和较低的表面亮度而著称，使其成为天文学家和深空摄影爱好者的理想观测对象。

在双鱼座的东边是白羊座。白羊座中最亮的星叫娄宿三（Hamal），它是一颗橙色巨星，亮度为二等。

◀ 图 2-5　M2
图片来源：NASA

M2 是一个古老而巨大的球状星团，位于水瓶座。该星团的年龄约为 130 亿年。M2 以其密集的核心而著称，是天文学家的热门观测目标。哈勃太空望远镜的图片展示了其复杂的结构和多样的恒星颜色。

▲ 图 2-6　M74

　　图片来源：Wikimedia Commons

M74 距离我们有 3200 万光年远，拥有大约 1000 亿颗成员星。它巨大且优雅的漩涡臂上面镶着明亮的蓝色星团和黝黑的宇宙尘埃带。由 2003 年与 2005 年哈勃望远镜数据建构出来的这幅清晰图像，涵盖了 M74 近 3 万光年的区域，记录了来自氢原子的辐射，因此突显了星系大型恒星形成区的红色辉光。M74 的表面亮度低于梅西耶星表收录的大多数星系，因此它又叫作幽灵星系。

冬季星空

冬季星空对应的时间是从当年12月到第二年的2月，此时黄道上的星座主要是金牛座（Taurus）、双子座（Gemini）和巨蟹座。

金牛座的形状看起来如同一头牛的身体，包括头、脖子和躯干。金牛座中最亮的星为毕宿五（Aldebaran）。它是一颗红巨星，距离地球约65光年，其直径约为太阳的44倍。夜空中的毕宿五泛着红色光芒，视星等*约为0.87，非常易于观测。

金牛座东边是双子座。双子座中较亮的星星是北河二（Castor）和北河三（Pollux）。北河三距离地球约34光年，直径约为太阳的10倍，比太阳明亮约32倍。北河三是一颗橙色巨星。北河二距离地球约51光年，是一个至少包含6颗恒星的多星系统。

双子座东边是巨蟹座。巨蟹座是一个比较小的星座，而且当中没有特别亮的星星，看起来不太起眼。

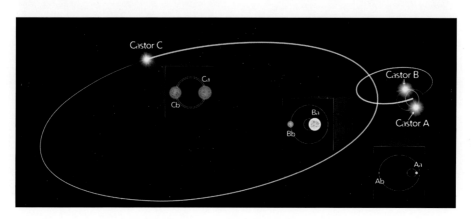

▲ 图 2-7　北河二的六星系统

北河二是双子座中第二亮的星，实际是一个至少包含6颗恒星的复杂系统。这个系统由三对双星组成：Castor A、Castor B 和 Castor C。每一对双星都是光谱双星，彼此之间通过引力相互作用，共同围绕系统的中心运行。Castor 系统的总视星等为 1.58，是夜空的亮星之一。通过对这些恒星进行测量，天文学家可以确定它们的质量和轨道，这为理解恒星的形成和演化提供了重要数据。

---

* 视星等为天文学术语。视星等的大小可以取负数，数值越小，亮度越高，反之越暗。

3 太阳系行星观测

在太阳系中，肉眼可见的行星有 5 颗，分别是水星、金星、火星、木星和土星。从地球上看，这些行星都在黄道上出现。

水星

水星是太阳系内的一颗行星，也是离太阳最近的行星。水星的大小与月球相当，但质量比月球大很多。在夜空中，水星可能会是一个亮点，但在白天它通常被太阳的光芒所掩盖。水星的轨道非常接近太阳，它的一年只有 88 个地球日。水星的自转周期是 59 个地球日，它的一天（即一昼夜）大约是 176 个地球日。这是由于水星受到太阳的强大引力影响，其自转速度逐渐减缓。

水星的表面有许多陨石坑和山脉。这些陨石坑和山脉形成的时间非常久远，可以追溯到约 40 亿年前。水星的表面很少被物质覆盖，而且也没有大气层的保护。这意味着每一个飞过来的陨石都会撞击水星的表面，形成一个陨石坑。

水星的温度非常高，白天最高温度可以达到 430 摄氏度，晚上的温度可以低至零下 160 摄氏度。

水星是人类最早发现和观测的行星之一，古代文明对水星有不同的命名和理解。

例如：在中国古代，水星被称为辰星，与五行学说相联系，司马迁在《史记》中解释道："察日辰之会，以治辰星（水星）之位。曰北方水，太阴之精，主冬……"

在希腊文化中，水星被认为是两颗不同的天体：一颗出现在日落后，叫墨丘利（Mercurius），是罗马神话中的信使神；另一颗出现在日出前，叫阿波罗（Apollo），是罗马神话中的太阳神。直到公元前 5 世纪左右，希腊哲学家毕达哥拉斯才指出它们其实是同一颗行星。

由于水星常常紧邻太阳出现在天空中，而且亮度较低，因此很难用肉眼观测到。对于观测者来说，水星通常看起来是一颗黄色的星，视

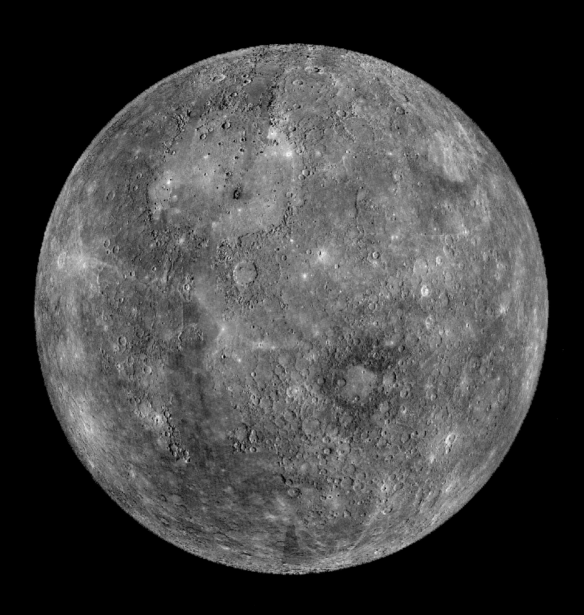

距离太阳：5790 万千米
表面重力加速度：0.38g
自转周期：59 个地球日
公转周期：88 个地球日

▲ 图 3-1　水星

图片来源：NASA

▲ 图 3-2　夜空中的水星

星等在 –0.4 到 0.5 之间变化，最容易在日落后的暮色或日出前的晨光中看到。

金星

金星是离太阳第二近的行星，也是离地球最近的行星。它有时候在夜空中闪烁，比其他大部分恒星都要亮。金星有时候在早晨出现在东方，有时候在晚上出现在西方，所以又被称为"启明星"和"长庚星"。金星和地球有很多相似之处，比如大小、质量和与太阳的距离，但是二者的环境却截然不同。

金星绕太阳公转一圈需要 224.7 个地球日，比地球短很多。这意味着金星上的一年只有地球上的七个半月。但是你知道吗？金星自转非常缓慢，以至于上面的一天竟然比一年还要长！金星自转一圈需要 243 个地球日，而且自转方向是自东向西，也就是说，如果你站在金星上，你会看到太阳从西边升起，从东边落下。

金星有非常厚重的大气层，其主要由二氧化碳组成。二氧化碳气体能够吸收太阳的热量，并且阻止热量

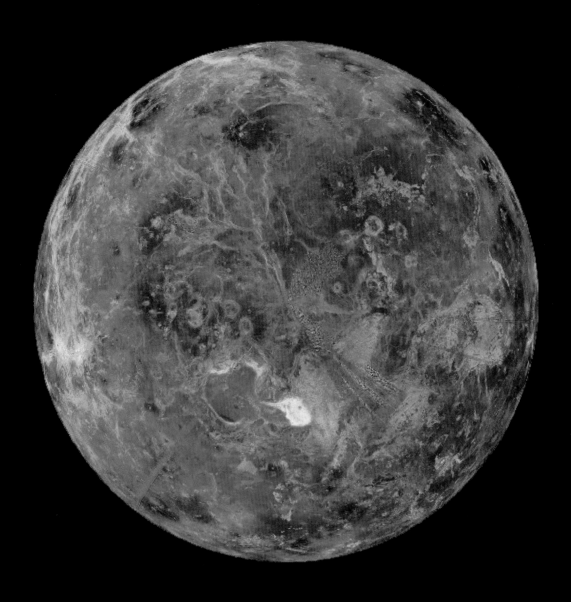

距离太阳：1.082 亿千米

表面重力加速度：0.9g

自转周期：243 个地球日

公转周期：224.7 个地球日

▲ 图 3-3　金星

图片来源：NASA

散发到外层空间，造成强烈的温室效应。因此，金星表面的温度非常高，平均达到 460 摄氏度，甚至比水星还要热！这样高的温度足以熔化铅甚至锡。即使在金星的极地或者夜晚，温度也几乎没有变化。

金星上还有厚厚的云层，它们由硫酸组成。这些云层反射了大部分太阳光，使得金星看起来很亮。但是它们也遮挡了金星表面的景象，让我们很难用望远镜观察到。这些云层中还有很强的风暴和闪电，它们在高速旋转着。

我们虽然不能直接看到金星表面，但是可以用雷达探测器来描绘出它的地形图像。通过这种方法，我们可以发现许多有趣和奇特的地貌特征：火山、山脉、峡谷、平原、陨石坑等。其中最引人注目的可能就是火山了。科学家估计，在金星表面分布着超过 100 万座火山，其中有些可能还处于活跃状态。火山喷发会释放出大量的二氧化碳等气体，从而影响大气的组成。

▼ 图 3-4　夜空中的金星
图片来源：Micheal Dangherty

金星是天空中最闪亮的"宝石"。最亮的时候，金星的视星等可达 -4。金星的颜色是耀眼的白色，一年中金星会有几个月的时间出现在清晨或傍晚的天空中。由于金星的轨道和水星一样位于太阳和地球之间，因此它的活动范围被限制在了太阳的两侧，我们只能在日落后或者日出前 4 个小时看见它。

火星

火星是太阳系内离太阳第四近的行星，也是地球的邻居。火星和地球有很多相似之处，比如都有大气、四季、高山、峡谷和河流等。但两个星球也有很多不同之处，比如火星的直径只有地球的一半；它的一年有 687 个地球日；它的大气很稀薄，主要由二氧化碳构成；它的表面温度平均只有零下 63 摄氏度；火星上还经常发生强烈的沙尘暴，会遮住整个星球。

人类对火星一直充满了好奇和探索的欲望，因为火星可能是太阳系中较适合生命存在的行星之一。科学家们发现了火星上曾经有过液态水和湖泊的证据，甚至在火星的南极冰盖下发现了盐水湖。这些都让人们想知道，在这颗红色行星上是否存在着生命的痕迹，或者是否有让生命在此生存的潜力。为了解开这个谜题，在过去的 60 年里，人类已经进行了 40 多次火星探测任务，其中成功的只有 21 次。目前，在火星上有 8 个轨道器和 4 个着陆器（包括 1 个巡视器）在工作，它们不断地向地球传回关于火星的数据和图片。

中国也加入了火星探测的行列。2020 年 7 月 23 日，我国成功发射了"天问一号"探测器去执行首次火星探测任务。这是一个非常复杂而又具有挑战性的任务，"天问一号"成为第一个同时完成环绕、着陆和巡视三项任务，并且能够在全火星范围内进行科学考察与观测的探测器。"天问一号"探测器在 2021 年 2 月 10 日成功进入环绕火星轨道，并在 2021 年 5 月 15 日成

距离太阳: 2.279 亿千米

表面重力加速度: 0.38g

自转周期: 24.63 小时

公转周期: 687 个地球日

▲ 图 3-5　火星

图片来源: NASA

功着陆在火星乌托邦平原。2021 年 5 月 22 日，中国首辆火星车"祝融号"驾离着陆平台，开始火星巡视探测。

火星在中国古代被称作"荧惑"，这是因为在古人看来，这颗星星荧荧如火，在夜空中非常醒目，但它的位置及亮度时常变动，又让人无法捉摸。火星呈橙红色，这是因为在火星表面广泛分布着氧化铁沙漠，而这些微红的沙漠反射太阳光，所以火星在夜空中闪着铁锈色的光芒。跟其他太阳系内行星相比，火星亮度的变化要大得多，这是由于火星到地球

▲ 图 3-6　夜空中的火星
图片来源：NASA

的距离变化很大，为 0.4~1.6 个天文单位。

木星

木星是太阳系中体积较大、较壮观的行星，它拥有强大的磁场、多彩的云层和众多的卫星。木星是一个气体巨星，没有明确的固体表面，主要由氢和氦组成。木星的直径是地球的

11 倍，质量是地球的 318 倍，体积是地球的 1318 倍。

木星距离太阳约 5.2 个天文单位（约 7.783 亿千米），绕太阳公转一周需要近 12 个地球年。由于快速自转（每 9.9 小时转一圈），木星呈扁球形，赤道处比极地处膨胀了 6%。木星自转使得它的大气层分成了多个不同纬度的风带。这些风带以高达每小时 600 千米的速度相互擦撞，形成了各种漩涡和风暴。

木星最著名的特征就是大红斑，这是一个巨大的持续数百年的高压反气旋。截至 2017 年 4 月 3 日，大红斑的直径为 16000 千米，比地球宽 1.3 倍。它位于南半球赤道附近，颜色时深时浅，可能与其内部温度和化学物质有关。除了大红斑外，木星上还有许多其他大小不一、形态各异、寿命不等的风暴，在望远镜下呈现出缤纷的色彩。

木星虽然没有坚实的表面，但也不是完全由气体构成。根据目前最流行的模型，木星可以分为四层结构：最外层是分子氢层，它主要由氢和氦组成，厚度约为 5000 千米，温度从 165 开尔文到 112 开尔文变化；往里一层是金属氢层，它主要由液态金属氢组成，厚度约为 20000 千米，温度从 2000 开尔文到 10000 开尔文变化；再往里一层是岩石－冰层，它主要由岩石和冰组成，厚度约为 15000 千米，温度达到 20000 开尔文以上；最里面一层是核心，它主要由铁和硅组成，半径约为 15000 千米，温度超过 30000 开尔文。

金属氢层是木星产生强烈磁场和电波辐射的原因之一。金属氢在极高压力下具有导电性，并随着行星自转而流动，从而在行星内部形成一个巨大的电流环。这个电流环产生了比地球强 1800 倍的磁场，并延伸到距离木星数百万千米的外空间，形成磁层。当太阳风或其他带电粒子进入磁层时，将产生极其壮丽的极光。

截至 2024 年 2 月 5 日，木星已知的卫星数量为 95 颗。其中最著名的 4 个分别是：木卫一（Io）、木卫二（Europa）、木卫三（Ganymede）和木卫四（Callisto）。这 4 个卫星每个都

距离太阳：7.783 亿千米

表面重力加速度：2.53g

自转周期：9.93 小时

公转周期：11.86 个地球年

▲ 图 3-7 木星

图片来源：NASA

有自己的特征。比如：

木卫一是太阳系中火山活动最活跃的天体，经常喷发硫黄等物质到空间中。

木卫二上可能藏着一个巨大的地下海洋，在海洋中可能存在生命。

木卫三是太阳系中最大的卫星，它比水星还要大。它有着冰冻表面和岩石内部。

木卫四是太阳系中较古老且有较多坑洼的天体之一，被无数陨石撞击过。

木星在夜空中的视星等在 –2 到 –3 之间变化，除了金星外，它比

▲ 图 3-8　木星和它的卫星
图片来源：NASA

其他行星和恒星都亮。木星发出的光接近白色，且非常稳定，不会被弄混。和火星、土星一样，木星的轨道在地球轨道之外，因此沿着黄道带观测，我们有时可以整夜看到它。

土星

土星是距离太阳第六远的行星，距离太阳约 14.3 亿千米，相当于地球到太阳距离的 9.5 倍。它需要 29.5 个地球年才能绕太阳转一圈，也就是

说它的一年等于地球的29.5年。土星和地球大小相差很大，它的直径是地球的9.4倍，体积是地球的764倍，但质量只有地球的95倍。这说明土星非常轻盈，它的密度只有水的70%。如果我们能找到一个足够大的水池，就可以让土星漂浮在水面上。

土星和木星、天王星、海王星一样，属于气态巨行星，也就是说它主要由气体组成。根据科学家们对土星内部结构的推测，土星中心有一个小而坚硬的岩石核心，包含铁、镍、硅和氧等元素。核心外围有一层厚厚的液态金属氢层，在高温高压下，氢原子失去电子而变成金属状。再往外温度降低后，氢原子重新结合成分子形式，形成液态分子氢层。最外面是大气层，主要由氢和氦组成，并含有少量甲烷、乙烷、水蒸气、硫化铵等物质。大气层中存在不同深度和颜色的云层，它们由冰晶或尘埃形成。

当我们提到土星时，最让人印象深刻的就是它周围环绕着的美丽而复杂的环系统了。其实，除了土星以外，木星、天王星和海王星也都有环系统，但它们的都比较暗淡和稀薄。而土星拥有最明亮、最壮观、最多样化的环系统。

那么这些环系统是由什么组成的呢？其实它们并不是连续不断的圆盘

▼ 图3-9 土星

距离太阳：14.3亿千米
表面重力加速度：1.07*g*
自转周期：10.66小时
公转周期：29.46个地球年

土星

人马座
斗宿四

木星　　月亮

心宿二

箕宿座

天秤座

尾宿八

南冕座　　　　　天蝎座

尾宿五

西南

▲ 图 3-10　夜空中的星座和行星
图片来源：Stellarium 软件

或带状物体，而是由无数大小不一、形状各异、主要由冰块构成（也可能含有岩石或尘埃）的小天体组成的。这些小天体沿着椭圆轨道围绕着土星运动，并受到各种力量（如引力、碰撞、电磁力等）的影响，形成复杂多变的结构和现象。

土星还拥有 145 颗已知卫星（不包括环内数百个小卫星），其中最大和最著名的是泰坦（Titan）。泰坦直径为 5150 千米，比水星还要大，并且是太阳系中唯一拥有明显大气层（主要由氮、甲烷和乙烷组成），存在液态河流、湖泊（主要由甲烷和乙烷组成）以及可能存在生命迹象（如复杂有机分子）的卫星。

土星是八大行星中最容易被误认为是恒星的星球，因为土星的亮度与轩辕十四、心宿二等恒星相当，但又不像木星和金星那么明亮。土星的颜色也不像火星那样显眼，它看起来像一个苍白的黄球。我们借助小型望远镜就可以看到美丽的土星环。

春季星空观测

实践 1　请你用绘星笔连出室女座和巨蟹座，以及你此时所见的月球。

记录人：＿＿＿＿＿＿＿＿＿＿　日　期：＿＿＿＿＿＿＿＿＿＿

地　点：＿＿＿＿＿＿＿＿＿＿　时　间：＿＿＿＿＿＿＿＿＿＿

月相

夏季星空观测

实践 2　请你用绘星笔连出天秤座和射手座，以及你此时所见的月球。

记录人：＿＿＿＿＿＿＿＿＿＿　日期：＿＿＿＿＿＿＿＿＿＿

地　点：＿＿＿＿＿＿＿＿＿＿　时间：＿＿＿＿＿＿＿＿＿＿

月相

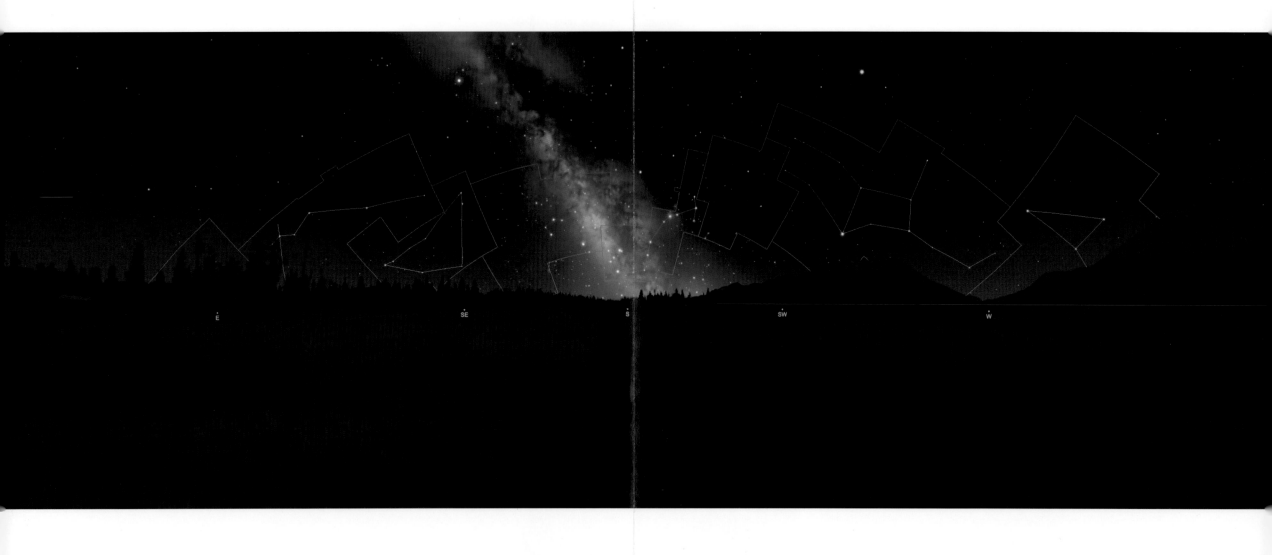

行星在秋季星空

实践 7　请你用绘星笔标出太阳系行星的位置，以及你此时所见的月球。

记录人：＿＿＿＿＿＿＿＿　　日　期：＿＿＿＿＿＿＿＿

地　点：＿＿＿＿＿＿＿＿　　时　间：＿＿＿＿＿＿＿＿

月相

行星在冬季星空

实践 8 请你用绘星笔标出太阳系行星的位置，以及你此时所见的月球。

记录人：_____ 日期：_____

地　点：_____ 时间：_____

月相

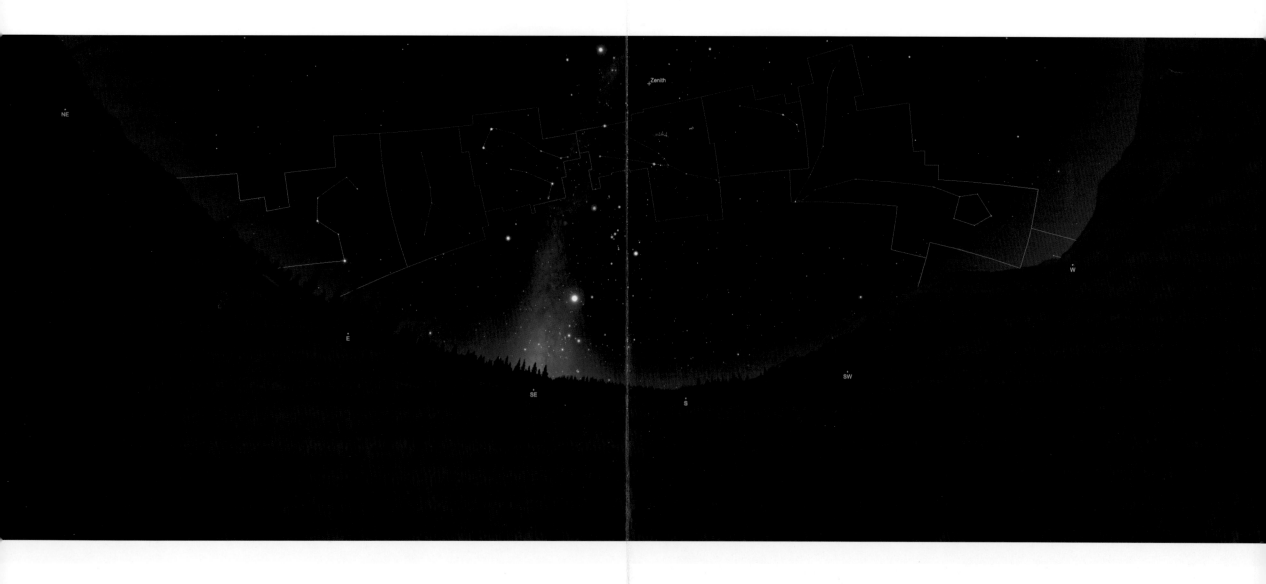

秋季星空观测

实践 3　请你用绘星笔连出双鱼座，以及你此时所见的月球。

记录人：＿＿＿＿＿＿＿＿＿　日　期：＿＿＿＿＿＿＿＿＿

地　点：＿＿＿＿＿＿＿＿＿　时　间：＿＿＿＿＿＿＿＿＿

月相

冬季星空观测

实践 4　请你用绘星笔连出金牛座和双子座，以及你此时所见的月球。

记录人：_____　　日期：_____

地　点：_____　　时间：_____

月相

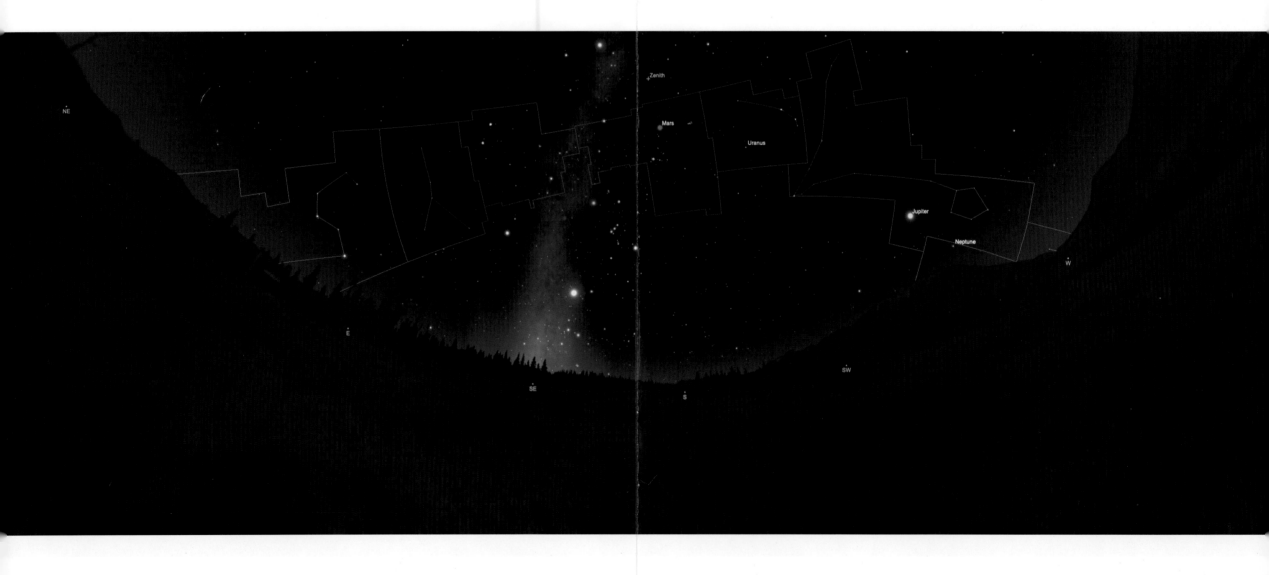

行星在春季星空

实践 5　请你用绘星笔标出太阳系行星的位置，以及你此时所见的月球。

记录人：＿＿＿＿＿＿＿＿＿＿　　日　期：＿＿＿＿＿＿＿＿＿＿

地　点：＿＿＿＿＿＿＿＿＿＿　　时　间：＿＿＿＿＿＿＿＿＿＿

月相

行星在夏季星空

实践 6 　请你用绘星笔标出太阳系行星的位置，以及你此时所见的月球。

记录人:＿＿＿＿＿＿＿＿　日期:＿＿＿＿＿＿＿＿

地　点:＿＿＿＿＿＿＿＿　时间:＿＿＿＿＿＿＿＿

月相

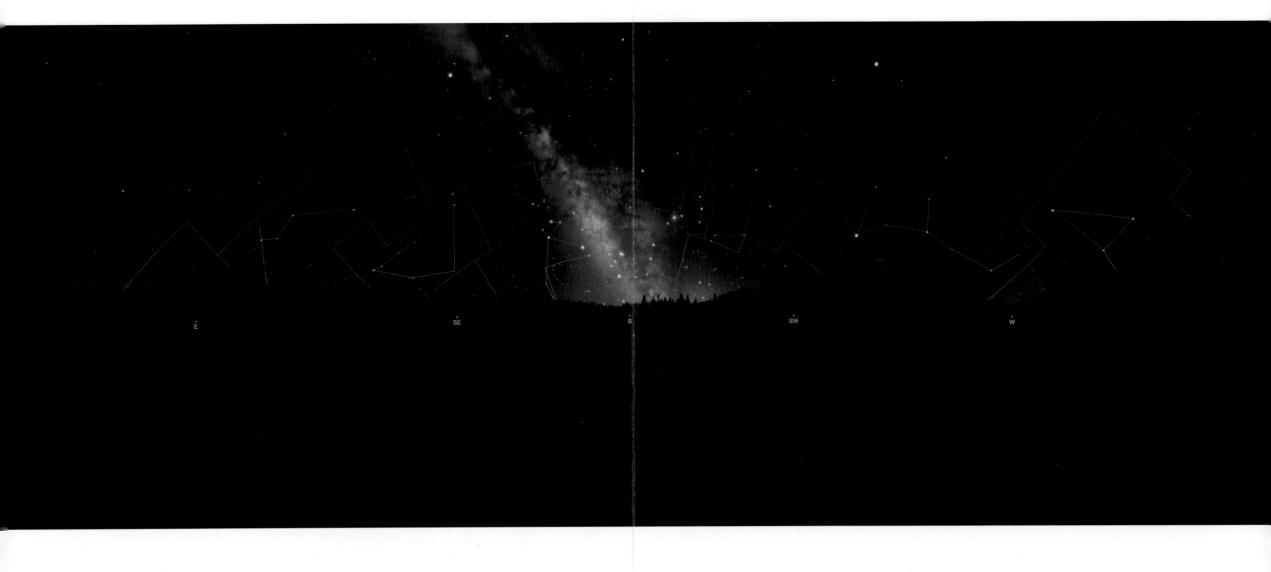

4 人造天体
观测

国际空间站

在距离地球约 400 千米的高空，有一个巨大的人造飞行器在绕着地球飞行，它就是国际空间站（International Space Station, ISS）。国际空间站是一个由多个国家合作建造和运营的科学实验室，它可以让航天员在太空中长时间生活和工作，同时进行各种有趣和有用的研究。国际空间站是人类历史上非常复杂、非常先进、非常昂贵的航天工程之一，也是人类探索太空的重要基地。

国际空间站由 16 个国家共同建造、运行和使用，这些国家包括美国、俄罗斯、日本、加拿大和欧洲航天局成员国（ESA）等。这些国家分别提供了不同的舱段和设备，它们会通过火箭或者航天飞机发射到太空，并在轨道上对接组装。国际空间站的建造从 1998 年开始，经过了十多年的努力，于 2010 年完成了主要结构的建设，并于 2011 年进入了全面使用阶段。

国际空间站大致可以分为两部分：一部分是由各种增压舱组成的核心部分，这里是航天员居住和工作的地方；另一部分是由桁架结构支撑着的 4 对太阳能电池阵列组成的外围部分，这里提供了电力和散热等功能。

根据美国航空航天局提供的数据，截至 2023 年 3 月，国际空间站具有的基本参数如表 4-1 所示。

表 4-1　国际空间站基本参数

加压模块长度	73 米
桁架长度	109 米
太阳能电池阵列长度	73 米
质量	419725 千克
可居住体积	388 立方米
加压体积	932 立方米
发电量	75 至 90 千瓦

国际空间站非常庞大且复杂，相当于两个足球场大小。但与地面上常见的建筑物相比，它还是很小巧而紧凑的。因为在太空中没有重力支撑，在发射过程中需要克服引力、阻力，在轨道上运行需要消耗能量等，所以每增加一点质量或者体积都会增加很多难度和成本。

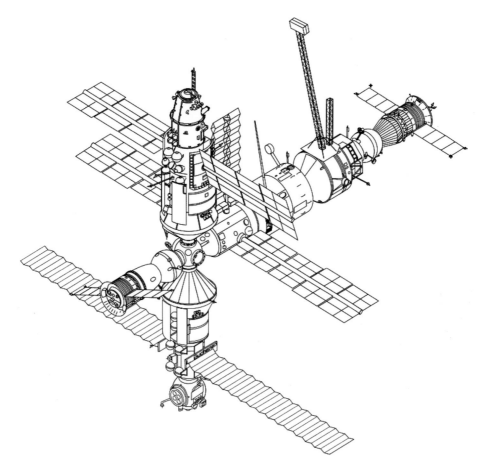

▲ 图 4-1　空间站草图
图片来源：NASA

从地球上观测国际空间站的最佳时间是光线相对不那么强烈的时候，也就是黎明之前和天黑不久。因为国际空间站本身并不发光，所以必须通过反射太阳光才能被我们看见。人造天体为了自给自足，都会配备一块很大的太阳能电池板。在地面进入黑夜的时候，太空可能还是白天，这个时候，如果太阳电池板的位置足够好的话，就会反射太阳光，我们在地球上即使用肉眼也能看见它。

其实，不只是国际空间站，就算是一般的人造卫星展开太阳板时，也有可能把太阳光反射到地面，如果角度合适，地面的人就能看到一颗快速移动的"星星"。

▲ 图 4-2 国际空间站
图片来源：NASA

▲ 4-3　国际空间站视角下的地球
图片来源：NASA

中国天宫空间站

　　天宫空间站运行在距离地球 400 千米到 450 千米的高空，它是中国载人航天工程"三步走"战略中的第三步，也是人类自 1986 年的和平号空间站和 1998 年的国际空间站后所建造的第三座大型在轨空间实验平台。

　　天宫空间站由 3 个舱段组成：天和核心舱、问天实验舱和梦天实验舱。这 3 个舱段都是由长征五号 B 运载火箭从文昌航天发射场发射到轨

道上的，并通过自动对接技术连接起来。这样就形成了一个 T 字形的基本构型，总质量达到 90 吨左右，总长度约 37 米，最大直径约 4.2 米。

　　天和核心舱是整个空间站的控制中心和生活区域，全长 16.6 米，发射质量 22.5 吨。核心舱有 5 个对接口，可以与其他舱段、货运飞船、载人飞船等进行对接。核心舱内部分为 2 个主要区域：工作区域和生活区域。工作区域包括指挥控制中

心、数据处理中心、通信设备等；生活区域包括卧铺、餐桌、厕所、淋浴空间等。

问天实验舱是一个多功能实验平台，全长 17.9 米，发射质量 20 吨。问天实验舱有 2 个对接口，可以与其他飞行器进行对接或释放小卫星等。问天实验舱内部有 12 个标准化科学实验柜，可以开展物理学、材料学、生命科学等领域的研究。

梦天实验舱是一个专业化实验平台，全长 17.9 米，发射质量 20 吨。梦天实验舱也有 2 个对接口，并且装备了一个小型机械臂和一个转位装置。梦天实验舱内部有 15 个标准化科学实验柜，主要用于开展地球观测、太阳观测、微重力技术验证等领域的研究。

除了这 3 个舱段外，还有其他部件与之配合，如载人飞船、货运飞船、机械臂、转位装置等。载人飞船（神舟系列）和货运飞船（天舟系列）可以在轨与空间站对接或分离，为空间站提供人员、物资、燃料等补给。机

械臂和转位装置可以在轨调整或移动各个模块或载荷的位置。

我们如何观测天宫空间站呢？

首先，我们要知道天宫空间站在什么地方。目前，天宫空间站处于近地轨道上，距离地面 400 千米到 450 千米。它沿着一个倾角为 41.48° 的椭圆轨道绕地球运行，每 92 分钟左右转一圈。这意味着在一天之内，我们有多次机会看到天宫空间站从不同方向飞过。

其次，我们要知道什么时候能看到天宫空间站。由于太阳光的反射作用，我们只能在日出前的黎明或日落后的黄昏时分看到天宫空间站。这是因为此时地面已经进入黑暗状态，而高处的天宫空间站还能被太阳光照射到，并反射到我们的眼中。如果我们在白天或者深夜观测，就无法分辨出亮度很低的天宫空间站了。

再次，我们要知道从哪个方向能看到天宫空间站。这需要根据我们所在的时间、日期和位置来确定。

最后，我们要准备好观测工具，

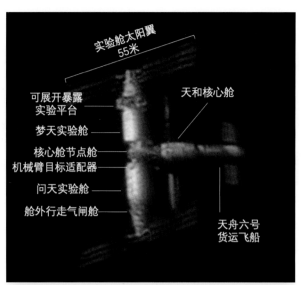

实验舱太阳翼
55米

可展开暴露
实验平台

梦天实验舱

核心舱节点舱

机械臂目标适配器

问天实验舱

舱外行走气闸舱

天和核心舱

天舟六号
货运飞船

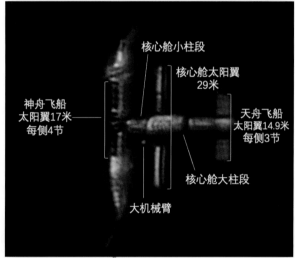

核心舱小柱段

核心舱太阳翼
29米

神舟飞船
太阳翼17米
每侧4节

天舟飞船
太阳翼14.9米
每侧3节

核心舱大柱段

大机械臂

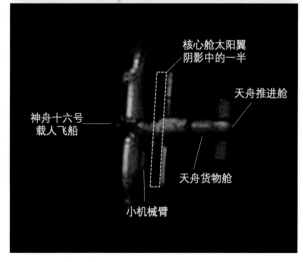

核心舱太阳翼
阴影中的一半

神舟十六号
载人飞船

天舟推进舱

天舟货物舱

小机械臂

◀ 4-4　从地面观测
　　天宫空间站
　　图片来源：刘博洋
　　（灯塔计划）

了解注意事项。如果条件允许，最好选择一个没有光污染、视野开阔、气象良好、安全舒适的地点进行观测。

人造卫星

在观测星空时，你可能发现有一颗"星星"在动。你以为那是飞机，却发现它并没有闪烁的灯光；你以为那是流星，但它并没有燃烧而后消失。其实，你看到的那颗明亮且快速移动的"星星"，很可能是人造卫星。

人造卫星其实是不会发光的，但是它的金属外壳和太阳能电池板都是很好的反射面，能反射强烈的太阳光。大多数情况下，人造卫星的视星等都不会高于2，并且距离地球较近的人造天体移动速度都非常快，其反射的光能被我们观察到的时间普遍都非常短，即便是国际空间站这样的庞然大物，往往也只能被我们持续观测到几分钟而已。

搜寻人造卫星的最佳时机是春季和夏季夜幕降临后的第一个小时（人造卫星在秋季和冬季的可见性会下降）。在这一个小时中，细心的观

▼ 4-5　伽利略卫星定位系统
图片来源：Wikimedia Commons

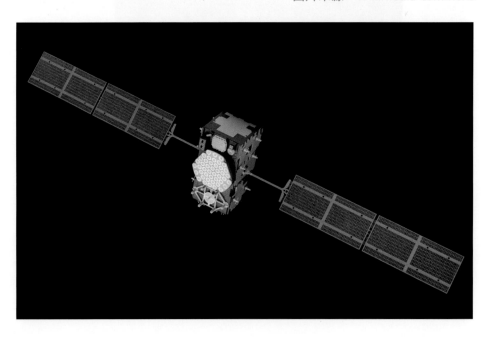

测者应该可以看见至少 10 颗人造卫星，随后数量会减少，在半夜降到最低水平。肉眼容易看见的卫星通常有一辆货车那么大，在 300 ～ 500 千米的高度以约每小时 28000 千米的速度运动，在两三分钟内就能穿越天空。

这些人造卫星由于飞行速度较快，其反射面与地球之间的角度也会快速变化，亮度可能会在几秒钟内猛增。例如铱星卫星，论个头仅和小汽车大小相当，但它最大的特点在于它始终将三面金属抛光的、门板一样大的天线对准地面，所以它的反射率非常高，阳光经过它们反射到地面的时候，我们能看到极为明亮的闪光，在几秒钟之内，它的视星等就会达到 -7 甚至 -8，这样的亮度几乎可以和月亮媲美。但是，铱星卫星的反光面非常集中，几秒钟后，就会迅速变暗，所以，我们从看到铱星卫星出现到消失的过程，可能不过十几秒，如流星一般转瞬即逝。

实践 9 请你用绘星笔标出天宫空间站或者国际空间过境的位置，以及你此时所见的月球。

月相

记录人：_____ 日期：_____

地　点：_____ 时间：_____

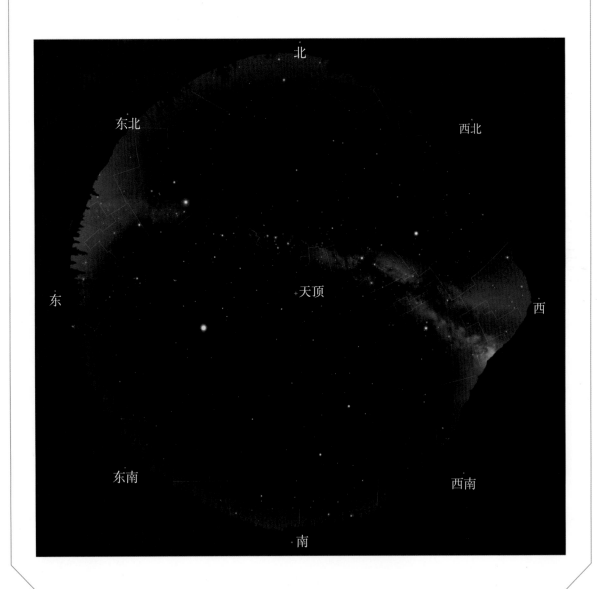

实践 10 请你用绘星笔标出天宫空间站或者国际空间过境的位置，以及你此时所见的月球。

记录人：＿＿＿＿＿＿＿ 日期：＿＿＿＿＿＿＿

地　点：＿＿＿＿＿＿＿ 时间：＿＿＿＿＿＿＿

月相

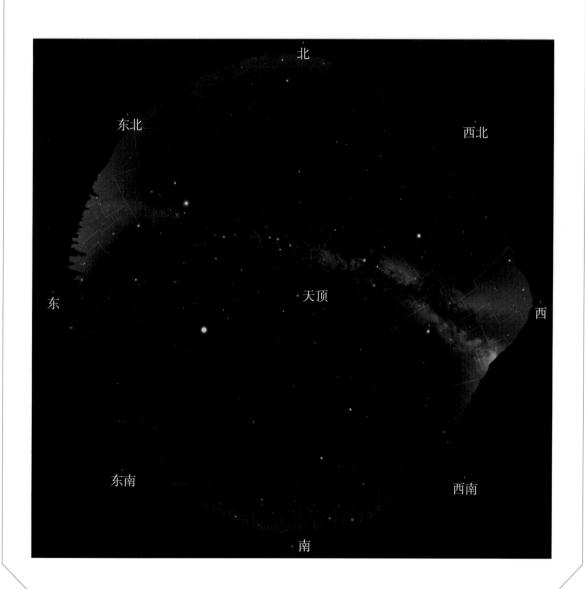

实践 11　请你用绘星笔标出天宫空间站或者国际空间过境的位置，以及你此时所见的月球。

月相

记录人：＿＿＿＿＿＿　　日期：＿＿＿＿＿＿

地　点：＿＿＿＿＿＿　　时间：＿＿＿＿＿＿

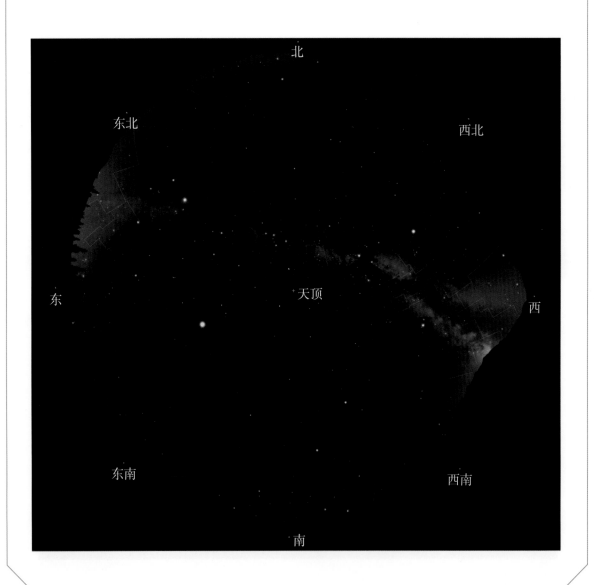

实践 12　请你用绘星笔标出天宫空间站或者国际空间过境的位置，以及你此时所见的月球。

月相

记录人：＿＿＿＿＿＿　日期：＿＿＿＿＿＿

地　点：＿＿＿＿＿＿　时间：＿＿＿＿＿＿

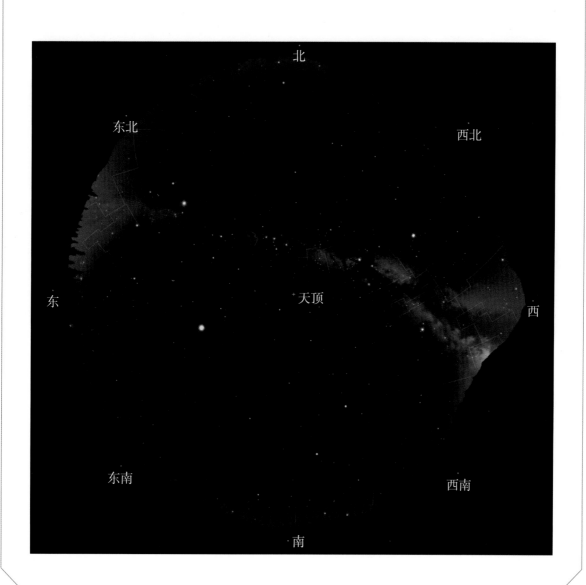

5 行星运动规律

你也许听说过这样一系列的天文现象:"水星逆行""金星合日""火星冲日""木星冲日"等。在这些天文现象背后实际上是行星运动的基本规律,如果我们了解了太阳系中行星运行的规律,也就可以推测宇宙中其他行星运行的规律。

由于地球和其他行星的公转轨道不同步,在某些时刻它们会相对靠近,在某些时刻又会相对远离。当地球在其轨道上赶上并超过外侧运行的行星(类似于跑道上快跑者超过慢跑者)时,就形成了一个"会合"(conjunction)。如果这个时候地球、某一行星、太阳三者恰好排成一条直线,并且地球位于中间,则称为"冲"(opposition)。反之,如果三者排成一条直线,并且太阳位于中间,则称为"合"(conjunction)。

金星东大距

要了解什么是金星东大距,我们首先要知道金星和地球在太阳系中的位置。金星是离太阳第二近的行星,

地球是第三近的行星。因此,从地球上看去,金星有时候在太阳的前面(即日出之前升起),有时候在太阳的后面(即日落之后落下)。当金星在太阳前面时,我们称之为"启明星";当金星在太阳后面时,我们称之为"长庚星"。

地球和金星都围绕着太阳运行,因为它们的轨道和速度不同,所以它们之间的相对位置也会不断变化。有时候它们会接近,有时候会远离。当地球、金星和太阳排成近似一条直线时,我们称这种现象为"合日"。"合日"又分为"上合日"和"下合日"。当金星位于地球和太阳之间时,"合日"叫作"下合日",此时金星不可见;当金星位于地球和太阳之外时,"合日"叫作"上合日",此时也看不到金星。

那么,在什么情况下可以看到最亮的金星呢?答案就是"大距"。当地球、金星和太阳形成一个直角三角形(图5-2)时,我们称这种现象为"大距"。

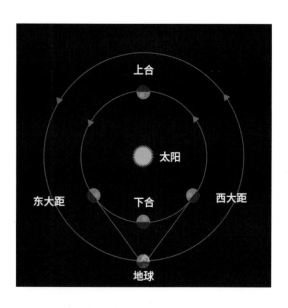

▲ 5-1 金星合日与大距

东大距是指金星位于太阳东侧，并且与太阳和地球之间形成最大角距离时发生的现象。同时从地球看去，金星与太阳的张角最大，这时候，我们可以在日落后的傍晚看到金星在西南方低空发出明亮而稳定的光芒。西大距则是指金星位于太阳西侧，并且与太阳和地球之间形成最大角距离时发生的现象。这时候，我们可以在清晨看到金星在东北方低空闪烁着柔和而微弱的光辉。

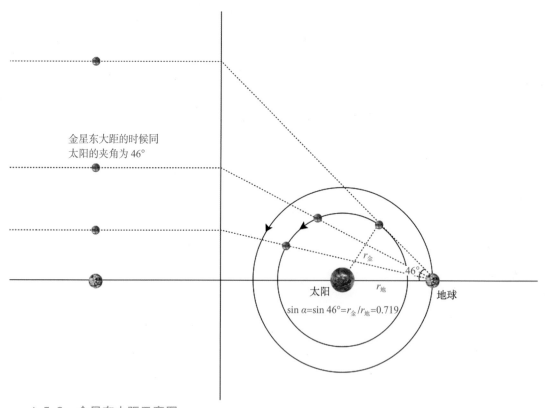

金星东大距的时候同太阳的夹角为 46°

$\sin \alpha = \sin 46° = r_金/r_地 = 0.719$

▲ 5-2 金星东大距示意图

实践 13　请你画出金星东大距时金星的位置，以及你此时所见的月球。

月相

记录人:_____　　日期:_____

地　点:_____　　时间:_____

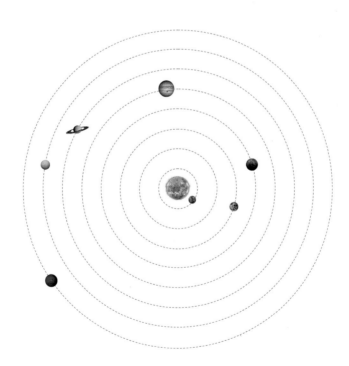

59 亿千米

请你算一算：已知金星到太阳最远的距离为 1.08 亿千米。地球到太阳最近的距离为 1.47 亿千米。根据以上数据，你能计算出金星东大距的最大高度角是多少吗？(你可能会用到附录中的三角函数表)

火星冲日

什么是火星冲日呢？这是一个很特别的天文现象，此时我们在地球上可以看到火星最大、最亮的样子。火星冲日时地球、火星和太阳几乎排成一条直线，地球位于太阳和火星之间。这时候，火星和地球之间的距离最近，而且被太阳照亮的一面完全朝向地球，所以看起来非常明亮。火星冲日前后是观测火星的最佳时机。

由于地球和火星都围绕太阳沿着各自的椭圆形轨道运行，它们之间的距离并不是恒定不变的。大约每779天，地球就会追上并超过火星一次，形成一次冲日。但每次冲日时，地球和火星之间的距离不同。有时候会更近一些，有时候会更远一些。当两颗行星在近日点前后相遇时，就会形成大冲。这时候，火星看起来会更大、更亮。

下一次火星大冲将发生在2035年9月15日。那时候两颗行星之间约有3800万千米！如果你有望远镜或者高倍数摄像头接驳望远镜，你甚至可以看到火星表面的白色极冠或沙尘暴现象等。

▼ 5-3 火星冲日示意图
图片来源：Vito Technology,Inc.

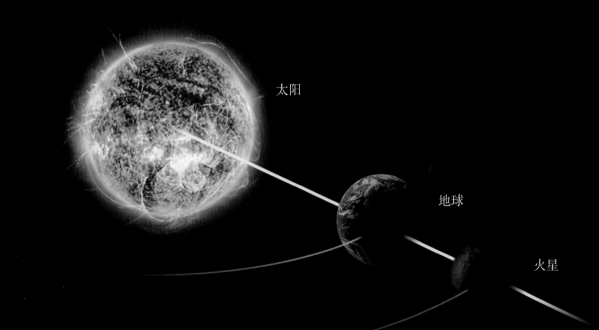

太阳

地球

火星

实践 14　请你画出火星冲日时火星的位置, 以及你此时所见的月球。

月相

记录人:＿＿＿＿＿＿　　日　期:＿＿＿＿＿＿

地　点:＿＿＿＿＿＿　　时　间:＿＿＿＿＿＿

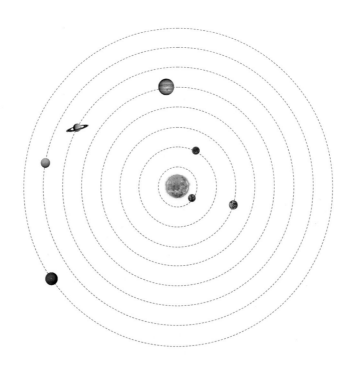

59 亿千米

请你算一算：已知地球的公转周期为 365 天，火星冲日的周期为 779 天，你能计算出火星的公转周期吗？

木星冲日

木星冲日是指木星和太阳正好分处地球两侧，三者几乎在一条直线上，当木星被太阳照亮的一面完全朝向地球时，木星距离地球最近，也最明亮。根据天文计算，木星冲日现象每隔约399天就会出现一次。

为什么会有木星冲日呢？

要回答这个问题，我们需要了解一些基本的天文知识。我们知道，地球和其他行星都围绕着太阳公转，但它们的轨道半径和速度并不相同。比如说，地球绕太阳公转一圈需要365.25天，而木星则需要11.86年。

当发生木星冲日时，我们可以看到木星被太阳照亮的一面朝向地球。同时，因为此时地球和木星距离最近，所以我们也可以看到最亮、最大的木星。木星冲日前后是观测木星的最佳时机。

▼ 5-4　木星冲日示意图

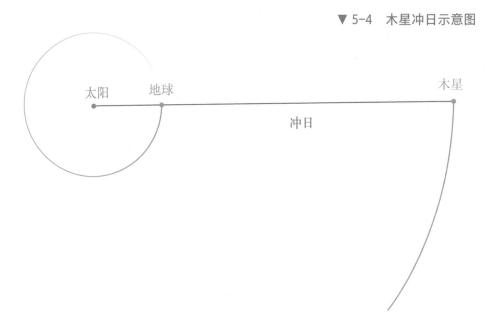

实践 15 请你画出木星冲日时木星的位置,以及你此时所见的月球。

月相

记录人:＿＿＿＿＿＿ 日期:＿＿＿＿＿＿

地　点:＿＿＿＿＿＿ 时间:＿＿＿＿＿＿

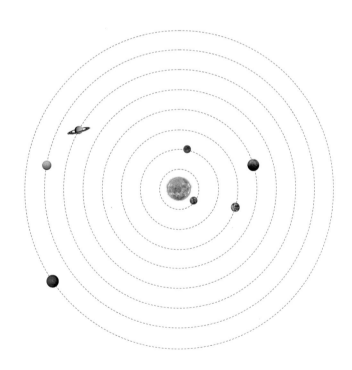

59 亿千米

请你算一算：已知地球的公转周期为 365 天，木星冲日的周期为 399 天。你能计算出木星的公转周期吗？

土星冲日

太阳系有 8 颗行星，其中有 4 颗是气态巨行星，也就是木星、土星、天王星和海王星。这些行星都比地球要大很多，而且都有很多卫星围绕着它们。其中最特别的就是土星了，因为它有一圈美丽的光环，在太阳光的照射下闪闪发光，就像拥有一条巨大的"腰带"一样。

但是，我们从地球上看到的土星并不总是如此明亮和清晰。因为地球和土星都围绕太阳运行，它们之间的距离和位置会不断变化。当土星处于冲日位置时，土星和地球位于太阳的同一侧，土星反射更多的阳光，这时候它会显得比较明亮，并且可以整夜观测。而当土星和地球分别位于太阳的两侧时，土星会被太阳的光芒掩盖，这时候它只能在清晨或黄昏短暂出现。

那么什么时候才能看到最美丽、最明亮的土星呢？答案就是在土星冲日时。这时候土星、地球、太阳位于一条直线上，并且地球位于中间。经过天文学家们的观测，每隔 378 天左右就会发生一次土星冲日。这个时候，由于视角和距离的原因，我们看到的土星会比平时更大、更亮，并且整夜可见。也就是说，在太阳落山后，土星就会从东方升起；在午夜前后过中天；在日出前从西方落下。如果你想观测这颗美丽的行星，土星冲日前后一个月内都是很好的时机。

▼ 5-5　土星冲日示意图

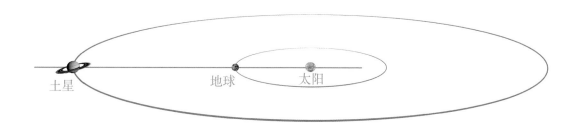

土星　　　　　　　　地球　太阳

实践 16　请你画出土星冲日时土星的位置，以及你此时所见的月球。

月相

记录人：＿＿＿＿＿＿　日　期：＿＿＿＿＿＿

地　点：＿＿＿＿＿＿　时　间：＿＿＿＿＿＿

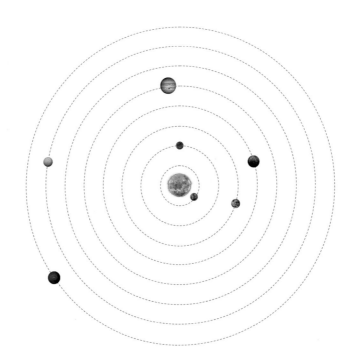

59亿千米

请你算一算：已知地球的公转周期为 365 天，土星冲日的周期为 378 天。你能计算出土星的公转周期吗？

开普勒行星运动定律

太阳系中有八大行星，它们都是围绕着太阳转动的。但是，它们的运动规律是怎样的呢？为什么有些行星离太阳近，有些行星离太阳远？为什么有些行星转得快，有些行星转得慢？这些问题曾经困扰了许多古代的天文学家。直到17世纪初，一个名叫约翰尼斯·开普勒（Johannes Kepler，1571—1630）的德国人发现了三个描述行星运动的定律，才揭开了太阳系的奥秘。

开普勒是一位杰出的天文学家和数学家。他从小就对天文学感兴趣，后来成为著名的丹麦天文学家第谷·布拉赫（Tycho Brahe，1546—1601）的助手。第谷·布拉赫在一生中观测了许多行星和恒星的位置，并且记录了非常精确的数据。开普勒利用这些数据，经过多年的计算和推理，最终发现了三个关于行星运动的定律，并在1609年和1619年分别出版了《新天文学》（*Astronomia Nova*）和《世界的和谐》（*Harmonices Mundi*），向世人公布了他的伟大发现。

开普勒第一定律

开普勒第一定律指出，所有行星绕太阳的轨道都是椭圆形的，太阳位于椭圆的一个焦点上。

你可能觉得圆形是最完美和对称的图形，但其实椭圆也有它独特的魅力。椭圆是有两个确定焦点的曲线，

◀ 5-6　开普勒

曲线上任何一个点到两个焦点距离之和都是一个常数。如果把两个焦点重合在一起，那么椭圆就变成了一个圆。把两个焦点拉得越远，那么椭圆就变得越扁。

开普勒发现，所有行星绕太阳运动时，都各自沿着不同大小和形状的椭圆轨道前进，而太阳则位于每个椭圆轨道的一个焦点上。这意味着每颗行星与太阳之间并不总是保持相同距离，而是在某些时候会更近，在某些时候会更远。以地球为例（图 5-7），地球（点 P）围绕太阳公转的轨道呈椭圆形，太阳位于其中一个焦点（点 F_1 或点 F_2）上。每年 1 月份前后（冬至后），地球会处于近日点

（perihelion），此时距离太阳约 1.47 亿千米；而在 7 月份前后（夏至后），地球会处于远日点（aphelion），此时距离太阳约 1.52 亿千米。

当然，并不是所有行星轨道都像地球这样接近于圆形。有些行星轨道更扁更偏心（eccentric），例如水星、火星。这些行星与太阳之间的距离变化更大。

为什么行星绕太阳的轨道会呈椭圆形呢？这与太阳和行星之间的引力有关。当行星靠近太阳时，行星与太阳之间的引力较大，因此行星转动速度较快；而当行星远离太阳时，行星与太阳之间的引力较小，因此行星转

▼ 5-7 　开普勒第一定律

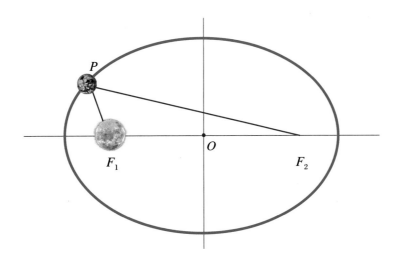

动速度较慢。由于引力和速度的变化，行星不能沿着完美的圆形轨道运动，而是沿着稍微扁一些的椭圆轨道运动。

开普勒第二定律

开普勒第二定律指出，在相等时间内，太阳和运动着的行星连线所扫过的面积相等。

如图 5-8 所示，在同样时间（比如说一天）内，行星 A 离太阳近时，它运动得更快，所以它走过了更长的路程（点 P_1 到点 P_2）。而行星 A 离太阳远时，它运动得更慢，所以它走过了更短的路程（点 P_3 到点 P_4）。但是，

如果你计算一下这两条线和太阳连线所围成的阴影区域（A_1 和 A_2）的面积，你会发现它们是相等的！这就是开普勒第二定律所表达的意思。

开普勒第二定律揭示了一个非常重要的物理原理：角动量守恒。角动量是一个物体绕着某个点旋转时所产生的物理量，它跟物体的质量、速度和距离都有关系。如果没有外力作用在物体上（或者外力只沿着旋转轴方向），物体角动量就不会改变。

回到图 5-8 中，当行星 A 离太阳近时，它速度快、距离短；当行星 A 离太阳远时，它速度慢、距离长。但

▼ 5-8　开普勒第二定律

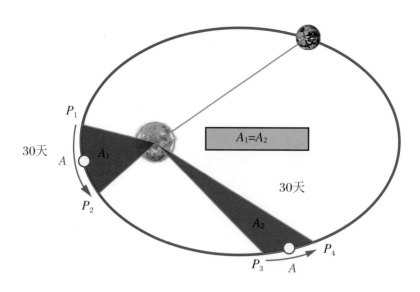

是无论如何变化，它们的质量乘以速度和距离的乘积始终保持不变。这就说明了行星绕着太阳公转时角动量不变。

而且，在整个太阳系中，并不只有一颗行星在公转。还有其他行星、卫星等都在围绕着太阳或者其他天体旋转。每一个旋转系统都遵从角动量守恒原理。通过开普勒第二定律，我们可以计算出行星在不同位置上的速度、加速度、周期等参数，从而更好地预测和观测它们在天空中出现的位置和时间。

开普勒第三定律

开普勒第三定律指出，所有行星绕太阳一周所用时间（周期）与它们轨道的半长轴（平均距离）之间存在一个固定比例关系：周期的平方与半长轴长的立方之比是一个常数。

具体来说，如果用 T 表示行星绕太阳公转的周期，用 R 表示轨道的半长轴长，那么开普勒第三定律可以表示为

$$\frac{T^2}{R^3} = k$$

其中 k 为常数。

以太阳系中的行星为例，计算每颗行星 T^2/R^3 的比率，可以发现所有行星的该比率几乎相同（表 5-1）。表格中轨道半长轴长（R）以天文单位给出，其中 1 天文单位（AU）等于地球到太阳的距离约 1.4957×10^{11} 米。轨道周期（T）以地球年为单位。

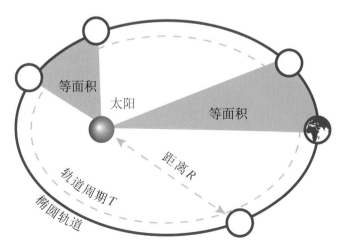

等面积　太阳　等面积　距离 R　轨道周期 T　椭圆轨道

◀ 5-9　开普勒第三定律

表 5-1 太阳系中行星 T^2/R^3 比率参数

行星	轨道周期 T（年）	轨道半长轴长 R（AU）	T^2/R^3
水星	0.241	0.39	0.98
金星	0.615	0.72	1.01
地球	1.00	1.00	1.00
火星	1.88	1.52	1.01
木星	11.86	5.20	0.99
土星	29.46	9.54	1.00
天王星	84.00	19.18	1.00
海王星	165.00	30.06	1.00

在 17 世纪末，英国物理学家牛顿利用开普勒第三定律推导出了万有引力定律。牛顿发现这个公式后，在他 1687 年出版的《自然哲学的数学原理》中证明了万有引力定律不仅能解释开普勒第三定律，还能解释开普勒第一定律和第二定律。

开普勒第三定律告诉我们，如果知道一颗行星轨道的大小和形状，就可以计算出该行星绕太阳一周所需的时间；反过来，如果知道一颗行星绕太阳一周所需的时间，也可以推算出它的轨道的大小和形状。

例如，我们已知地球的公转周期为 1 年，轨道半长轴长为 1 天文单位，就可以应用开普勒第三定律验证其他行星的轨道。若某颗行星的轨道半长轴长为 4 天文单位，则其周期 T 可以通过以下方式计算：

$$T^2 = R^3$$
$$T^2 = 4^3 = 64$$
$$T = \sqrt{64} = 8$$

因此，这颗行星绕太阳一周需要 8 年。

冷湖天文

冷湖小镇

冷湖，一个曾经因石油而繁荣的小镇。这里的发展过程，是中国石油开发史的一个缩影，也是一段人与自然的悲欢离合。

冷湖因湖得名。1955年一支石油地质队在柴达木盆地发现了一个面积不足1平方千米的小湖泊，这是在1万多平方千米的盐碱戈壁上唯一有淡水的地方。它的水源来自阿尔金山主峰的冰川融水，湖水异常冰冷，因此取名为冷湖，并以此为这个地方命名，沿用至今。

第一批来到柴达木盆地的石油垦荒者们，在艰苦的环境中奋斗了近四年，终于在1958年9月13日，钻出了第一口喷油井——地中四井。当时，原油连续井喷三天三夜，日喷原油高达800吨左右。为了纪念它，人们在井口建立了一座纪念碑，上面刻着"英雄地中四，美名天下扬"十个大字。

地中四井的成功，激发了人们对柴达木盆地进行石油勘探的热情。1959年，青海石油勘探局从大柴旦迁至冷湖，并在此建立了多个科研、生产、服务等单位。冷湖也由一个无人区变成了一个拥有十万人口的石油小镇。

然而，好景不长。由于冷湖的石油资源逐渐枯竭，1992年，大部

分油田停产，只有三号油田还在勉强维持着日产 4~5 吨的微薄产量。同年，青海石油管理局机关及后勤服务部门迁至甘肃敦煌。许多石油人带着对冷湖的眷恋和不舍离开了这里。

2000 年以后，冷湖彻底失去了石油开发的价值。2008 年，石油地质队做了最后一次尝试，在俄博梁雅丹地区打了一口探井，结果却在地下 1700 米处打出了一口高压硼化温泉。这标志着冷湖石油资源的彻底终结。

曾经辉煌的石油小镇已成为了历史的遗迹。

冷湖天文观测基地

如今冷湖又因为天文而闻名于世。这里拥有东半球最佳的光学 / 红外天文观测条件，吸引了国内外众多科学家前来研究天文。冷湖的星空之美，让人惊叹不已。这一切，都源于冷湖独特的地理环境和气候特征。

冷湖位于青海省海西蒙古族藏族自治州茫崖市，靠近甘肃、青海、新疆三地区交界处。这里海拔 2800 米，年均气温 2.6 摄氏度，年降水量只有 17.8 毫米，年蒸发量却超过 3000 毫

▼ 冷湖赛什腾山观测站
图片版权：邓李才

米。这样的寒冷干燥、少雨多风的大陆性气候，造就了冷湖极佳的天文观测条件。

2018年1月，中国科学院国家天文台邓李才研究团队开始了在冷湖地区的天文选址工作，并连续监测了3年。他们发现，冷湖赛什腾山C区（4200米标高点）的视宁度与国际最佳台址的同期数据大致相同，全面优于其他台址。视宁度是指大气湍流对望远镜成像的影响程度，数值越小，说明大气湍流越弱，成像越清晰。当我们仰望星空，看到星星闪烁，就是这样的大气湍流造成的。而冷湖的星星似乎是被"钉"在了夜空中，不眨眼睛。冷湖赛什腾山台址的视宁度非常小，而且在红外波段更是无与伦比。此外，这里每年有70%的时间是晴夜，天文观测可用时间达300天。

2021年8月，邓李才团队在《自然》杂志上发表了相关研究成果：证实了冷湖赛什腾山是极佳的光学红外天文观测台址。这意味着在东半球没有比这里更适合观测星空的地方了。

截至2024年5月24日，国家天文台、紫金山天文台以及清华大学、北京大学、中国科学技术大学等10多家科研机构和高等院校已入驻冷湖观测基地，并启动多个项目，包括西华师范大学50BiN望远镜项目、中国科学院国家天文台(SONG)望远镜项目、中红外观测系统望远镜(AIMS)项目、DIMM-MASS望远镜建设项目、紫金山天文台多应用巡天望远镜阵列(MASTA)、中国科大2.5米大视场巡天望远镜项目、中国科学院地质与地球物理研究所PAST和TINTIN望远镜项目、清华大学6.5米宽视场巡天望远镜MUST项目等。其中，北半球光学时域巡天能力最强的墨子巡天望远镜等4座望远镜已经投入使用，新发现了主带小行星200余颗、近地小行星4颗，获得了一系列突破性成果。

为了保护冷湖的暗夜星空，2023年1月，《海西蒙古族藏族自治州冷湖天文观测环境保护条例》正式实施，这是我国第一部暗夜星空保护地方性法规。条例规定，冷湖天文观测基地周围 50 千米内的区域为暗夜保护核心区，所有户外固定夜间照明设施的照射方向应当低于水平线向下 30 度。冷湖镇的镇区也在这一区域内，实行严格的光污染控制。

冷湖，这个曾经的石油小镇，如今已经成为国际光学天文研究的重要基地。在这里，我们可以欣赏到最美的星空，也可以期待更多的科学发现。

附　录

观星软件介绍

观星是一种古老而又时尚的活动，通过观星，我们可以欣赏夜空的美丽，了解宇宙的奥秘，甚至寻找外星生命。随着科技的发展，现在有很多观星软件可以帮助我们更方便地进行观星活动。下面将介绍当前主要的观星软件，包括它们的功能、优缺点以及适用的场景。

Stellarium

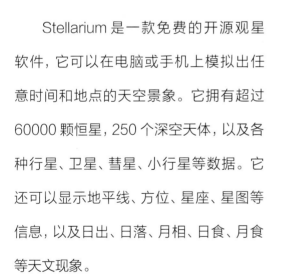

Stellarium 是一款免费的开源观星软件，它可以在电脑或手机上模拟出任意时间和地点的天空景象。它拥有超过60000 颗恒星，250 个深空天体，以及各种行星、卫星、彗星、小行星等数据。它还可以显示地平线、方位、星座、星图等信息，以及日出、日落、月相、日食、月食等天文现象。

Stellarium 的优点是它非常逼真和精确，可以让用户有身临其境的体验。它也支持多种语言和操作系统，方便不同国家和平台的用户使用。

Stellarium 的缺点是它需要较高的硬件配置和网络连接，否则可能会出现卡顿或加载缓慢的问题。

Stellarium 适合在家里或者有网络覆盖的地方使用，可以作为一个虚拟的天文馆或者观星指南。

SkySafari

SkySafari 是一款付费的观星软件，它可以在手机或平板电脑上提供高清的天空图像和详细的天文资料。它包含了超过 2700 万颗恒星、740000 颗小行星、31000 颗彗星、3700 颗人造卫星等数据。它还可以显示太阳系内所有行星和卫星的实时位置和轨道，以及各种天文事件和新闻的报道。

SkySafari 的优点是它非常强大和全面，可以满足专业和业余观星者的各种需求。它也可以通过 Wi-Fi 或蓝牙与望远镜连接，实现远程控制和对准功能。

SkySafari 的缺点是它需要付费购买和更新，而且不同版本之间有功能和价格上的差异。

SkySafari 适合在户外或者有望远镜的地方使用，可以作为一个高级的观星工具或者教育资源。

Star Walk 2

Star Walk 2 是一款免费但有内购项目的观星软件，它可以在手机上利用增强现实技术（AR）来展示天空中的各种现象。它包含了超过 200000 颗恒星、10000 颗深空天体、88 个星座等的数据。它还可以显示流星雨、超新星爆发、国际空间站等的动态内容。

Star Walk 2 的优点是它的界面非常美观，支持互动，可以让用户通过手机摄像头来探索天空中的奇妙景象。它也可以根据用户的位置和时间来自动调整视角和亮度，提供最佳的观看效果。

Star Walk 2 的缺点是它需要开启 GPS 和网络功能才能正常运行，而且部分内容需要额外付费才能解锁。

Star Walk 2 适合在城市或者有光污染的地方使用，可以作为一个有趣的观星游戏或者社交平台。

三角函数基本公式

和差角公式

$$\sin(\alpha \pm \beta) = \sin\alpha\cos\beta \pm \cos\alpha\sin\beta$$

$$\cos(\alpha \pm \beta) = \cos\alpha\cos\beta \mp \sin\alpha\sin\beta$$

$$\tan(\alpha \pm \beta) = \frac{\tan\alpha \pm \tan\beta}{1 \mp \tan\alpha \cdot \tan\beta}$$

$$\cot(\alpha \pm \beta) = \frac{\cot\alpha \cdot \cot\beta \mp 1}{\cot\beta \pm \cot\alpha}$$

和差化积公式

$$\sin\alpha + \sin\beta = 2\sin\frac{\alpha+\beta}{2}\cos\frac{\alpha-\beta}{2}$$

$$\sin\alpha - \sin\beta = 2\cos\frac{\alpha+\beta}{2}\sin\frac{\alpha-\beta}{2}$$

$$\cos\alpha + \cos\beta = 2\cos\frac{\alpha+\beta}{2}\cos\frac{\alpha-\beta}{2}$$

$$\cos\alpha - \cos\beta = 2\sin\frac{\alpha+\beta}{2}\sin\frac{\alpha-\beta}{2}$$

倍角公式

$$\sin 2\alpha = 2\sin\alpha\cos\alpha$$

$$\cos 2\alpha = 2\cos^2\alpha - 1 = 1 - 2\sin^2\alpha = \cos^2\alpha - \sin^2\alpha$$

$$\cot 2\alpha = \frac{\cot^2\alpha - 1}{2\cot\alpha}$$

$$\tan 2\alpha = \frac{2\tan 2\alpha}{1 - \tan^2\alpha}$$

$$\sin 3\alpha = 3\sin\alpha - 4\sin^3\alpha$$

$$\cos 3\alpha = 4\cos^3\alpha - 3\cos\alpha$$

$$\tan 3\alpha = \frac{3\tan\alpha - \tan^2\alpha}{1 - 3\tan^2\alpha}$$

半角公式

$$\sin \frac{\alpha}{2} = \pm \sqrt{\frac{1 - \cos \alpha}{2}}$$

$$\cos \frac{\alpha}{2} = \pm \sqrt{\frac{1 + \cos \alpha}{2}}$$

$$\tan \frac{\alpha}{2} = \pm \sqrt{\frac{1 - \cos \alpha}{1 + \cos \alpha}} = \frac{1 - \cos \alpha}{\sin \alpha} = \frac{\sin \alpha}{1 + \cos \alpha}$$

$$\cot \frac{\alpha}{2} = \pm \sqrt{\frac{1 + \cos \alpha}{1 - \cos \alpha}} = \frac{1 + \cos \alpha}{\sin \alpha} = \frac{\sin \alpha}{1 - \cos \alpha}$$

三角函数表

角度	sin 值	cos 值	角度	sin 值	cos 值
5°	0.087	0.996	50°	0.766	0.643
10°	0.174	0.985	55°	0.819	0.574
15°	0.259	0.966	60°	0.866	0.500
20°	0.342	0.940	65°	0.906	0.423
25°	0.423	0.906	70°	0.940	0.342
30°	0.500	0.866	75°	0.966	0.259
35°	0.574	0.819	80°	0.985	0.174
40°	0.643	0.766	85°	0.996	0.087
45°	0.707	0.707	90°	1.000	0